AF452657

# LA

# VACHE LAITIÈRE

## EN PAYS DE PLAINES

# LA
# VACHE LAITIÈRE

## EN PAYS DE PLAINES

PAR

### ALFRED LEROY

Type de la vache laitière des pays de plaines

## EN VENTE CHEZ

| M. FÈVRE-DARCY, Libraire | M. LAUTHELIN, Libraire |
|:---:|:---:|
| PLACE SAINT-GERVAIS | RUE DU COMMERCE |
| SOISSONS | SOISSONS |

ET DANS LES BIBLIOTHÈQUES DES GARES

—

1895

# AVANT-PROPOS

Lorsque, il y a quinze ans, je publiai mon livre :
*Elevage et Maladies du Mouton*, j'en adressai un
exemplaire aux éleveurs, que je connaissais, et aux
présidents des Comices agricoles de l'Aisne.

M. le marquis de la Tour du Pin, propriétaire-
agriculteur à Arrancy, président du Comice agricole
de Laon, m'écrivit une lettre dont je me garderai bien
de reproduire ici les termes, me bornant à donner
le dernier paragraphe ; le voici :

« Maintenant, monsieur, vous me permettrez de
« vous dire que vous devriez bien nous donner un
« ouvrage analogue sur l'espèce bovine..... »

Je lui répondis pour le remercier et pour lui dire
que j'étais absolument incapable d'écrire un livre sur
les bêtes à cornes.

« Depuis 1851, disais-je, j'étudie le mouton, j'ai
« vécu avec lui, je me suis passionné pour lui, c'est
« mon être de prédilection, je le connais et je peux
« en parler. Je regrette même de n'en avoir pas dit
« davantage.

« Mais il en est tout autrement des bêtes à cornes.
« J'en ai entretenu, mais j'ai passé à côté d'elles,
« indifférent. Je ne les connais pas.

« Et si j'avais la malencontreuse pensée — je
« devrais dire la fatuité — de vouloir écrire un
« livre sur leur compte, il faudrait que je fasse
« comme beaucoup d'autres, que je me serve de
« ciseaux, en guise de plume, et alors, ce livre
« serait tout simplement atroce. »

Quelques années plus tard, le hasard, ou, si l'on veut, la *déveine*, m'obligea à m'occuper de la vache laitière. En effet, je fus amené à me livrer à la fabrication du fromage, et la production, dans de bonnes conditions, de la matière première, le lait, fut naturellement l'objet de ma plus grande préoccupation ; car c'est la question primordiale. J'ai vite compris que la vache laitière était entretenue, dans l'immense majorité des cas, d'une façon déplorable et qu'il y avait là, pour l'agriculture française, un COULAGE énorme.

J'avais entendu dire, dès ma tendre jeunesse : « *aux vallées, les bêtes bovines ; aux plaines, les bêtes ovines.* » Ce fut vrai ; ce ne l'est plus, dans une certaine mesure.

Tant que l'assolement triennal : blé, avoine et jachère, fut pratiqué à peu près exclusivement à tout autre, l'entretien d'une vacherie, un peu importante, en pays de plaine, ne pouvait donner que de mauvais résultats.

En est-il encore de même aujourd'hui ?

Je réponds énergiquement : non ! et je crois qu'il ne me sera pas difficile de le démontrer. Au surplus, nous sommes des centaines qui l'avons prouvé par la pratique.

Que faut-il pour qu'une laitière donne de bons résultats ?

1° Qu'elle soit apte à produire tout ce que l'on attend d'elle : lait, beurre, ou fromage ;

2° Qu'elle reçoive une alimentation rationnelle, c'est-à-dire constituée de manière à lui fournir tous les éléments nécessaires à sa production lactée ;

3° Qu'elle respire continuellement un air pur ;

4° Qu'elle puisse prendre tous les jours, *au moins* un peu d'exercice. Le plus n'en vaut que mieux ;

5° Qu'elle soit maintenue dans un état constant de propreté ;

6° Qu'elle soit traite *à fond*, à des heures précises et régulièrement espacées.

Avant d'aborder ces questions, une à une, que l'on me permette une digression relativement au sol des pays de plaine, comme le Soissonnais, par exemple.

Jusqu'à la fin du siècle dernier, et même dans la première partie de celui qui finit, le sol avait été plutôt gratté que labouré. Le cheptel vivant se composait de chevaux, d'un chétif troupeau, vivant l'été d'herbes adventices et l'hiver de paille ; d'une bande de cochons chargés de nettoyer les jachères et de quelques vaches, pour les besoins de la ferme.

On demandait si peu au sol que son vieil humus et l'azote que lui fournissaient l'air, les pluies et les neiges, suffisaient aux quelques hectolitres de blé et d'avoine produits.

Un peu plus tard, on fit des prairies artificielles de légumineuses : luzerne, trèfle, sainfoin, etc. Ces plantes allèrent chercher, dans les profondeurs du sous-sol, les matières minérales accumulées là depuis les temps les plus reculés : l'acide phosphorique, la chaux, la potasse, le fer, etc., et, par surcroît, puisèrent, dans l'air atmosphérique, l'azote.

Puis vint l'introduction et la propagation du Mérinos en France, qui marqua une ère prolongée de prospérité, pour les pays de plaine. Mais depuis déjà assez longtemps, cette ère est finie. Les troupeaux disparaissent tous les jours, et bientôt il n'en restera à peu près plus. C'est un grand malheur ; je l'ai dit il y a bien longtemps, on aurait dû changer l'outil, on s'est contenté de le briser !

Mais pendant que le mouton était d'une exploitation lucrative, on a usé largement — on pourrait dire, abusé — du parcage comme fumure. Or, on le sait, le parcage ne laisse pas de trace d'humus au bout d'un an.

Enfin, comme si le vent de la fatalité avait soufflé sur mon pays, des hommes *complètement étrangers à l'exploitation du sol*, mais réputés savants, parce qu'ils avaient exécuté de beaux travaux de laboratoire et qu'ils étaient arrivés à faire pousser des plantes dans du verre pilé, ou du sable lessivé, en les arrosant avec des solutions de produits chimiques ; ces hommes, dis-je, sont venus affirmer que l'humus n'est pas indispensable pour tirer le meilleur parti de la terre, et qu'il suffit d'appliquer leurs formules pour faire fortune.

Hélas ! nous, les vieux, qui avons contrôlé et expérimenté ces nouveautés, nous disons à la mémoire de ceux qui sont morts : « Vous avez fait trop de bien, pour que l'on dise du mal de vous. »

Quant aux vivants qui ne veulent pas se donner la peine de passer par l'expérimentation, ou qui, y ayant passé, nient ou dénaturent les faits, ce sont des traîtres à l'agriculture, ou des *faiseurs*.

Non ! on ne peut pas exploiter, *lucrativement*, un sol dépourvu d'humus, parce que cette substance est indispensable pour maintenir dans la terre la chaleur, l'humidité et l'air ; qu'elle absorbe l'excès d'eau du sol et l'empêche de se noyer ; qu'elle constitue un milieu très propice au développement des jeunes radicelles ; qu'elle ne fournit pas seulement le carbone à la plante, par sa décomposition, mais aussi en absorbant, grâce à sa couleur noire, la chaleur des rayons solaires.

Puis, l'humus arrête, au passage, les engrais chimiques, qui, sans lui, seraient entraînés dans le sous-sol par les eaux pluviales, ou la fonte des neiges. Enfin, en désagrégeant le sol, il le rend plus facile à cultiver par tous les temps.

Et on viendra me dire que tout cela ne constitue que des considérations négligeables ?

Je n'insiste pas, parce que j'écris pour des hommes compétents.

Maintenant, pendant que nous sommes encore dans les considérations générales, il ne serait peut-être pas hors de propos d'envisager l'avenir des pays de plaine et de grande culture comme : la Brie, la Beauce, le Soissonnais, etc. Je me plais à espérer que l'on arrivera à arrêter les crimes qui se commettent, au nom de doctrines qui ne peuvent pas supporter l'examen le plus sommaire. Mais il se passera encore bien du temps — *si on y arrive jamais* — avant que l'ouvrier agricole soit redevenu ce qu'il était, quand je me suis établi cultivateur, en 1858.

Or, il n'y a pas d'industrie qui puisse supporter, moins que l'agriculture, la haine de l'ouvrier contre le patron. Car, tous les jours, à toutes les heures et à tous les instants, l'occupé peut porter des préjudices répétés à l'occupeur, et comme des criminels, ou des idéologues, disent à cet occupé, que celui qui lui donne son pain quotidien est un exploiteur, qui s'engraisse de sa sueur, qu'il n'a pas de pire ennemi, naturellement, il le traite en ennemi !

Et avant que le retour à de plus saines doctrines soit arrivé, la difficulté de se faire servir s'accentuera encore ; parce que l'ouvrier des champs sera attiré, de plus en plus, vers les grands centres, par une foule de raisons, qu'il serait trop long d'énumérer, et je crains fort que l'on soit obligé, dans les pays de grande culture, comme le Soissonnais, d'en arriver au métayage qui réussit, d'ailleurs, si bien dans le centre de la France.

Car, si un trop grand nombre d'ouvriers se sont

gangrenés, par la fréquentation du cabaret, de la mauvaise société et la lecture d'écrits faits par des malins, qui n'ont d'autre objectif que de leur soutirer, avec un méchant morceau de papier, le sou que la femme attend pour acheter du pain, il en est, heureusement, d'autres qui sont restés courageux, sobres, honnêtes et qui ont réalisé quelques économies, formant un petit avoir.

C'est tout ce qu'il faut pour faire un bon métayer.

Voilà une ferme de deux cents hectares. On la divise en quatre métairies, par exemple, et on place, dans chacune d'elles, un brave homme avec sa famille, en lui fournissant le cheptel. Le propriétaire, possesseur ou fermier, au lieu de suer sang et eau à surveiller son personnel, sans savoir si, à la fin de l'année, il joindra les deux bouts, n'aura plus qu'à passer de temps en temps chez ses métayers (1). Il tient à leur disposition, dans la métairie principale, qu'il peut exploiter lui-même, s'il le veut, quelques bons animaux reproducteurs et des instruments comme : semoirs à graines et à engrais, faucheuse, moissonneuse, trieur de semences, etc., qu'un petit cultivateur ne peut acheter. En un mot, il a tous les avantages de la grande culture, sans en avoir les inconvénients.

Le lecteur se demandera, à coup sûr, ce que tout cela peut bien avoir de commun avec la vache laitière.

---

(1) Certains rhéteurs ne manqueront pas de dire que je conseille l'exploitation de l'homme par l'homme. Je leur ferai observer que tant qu'il en restera deux sur la terre, il y en aura un qui sera le serviteur de l'autre !

Le voici : c'est qu'elle serait appelée, dans cette combinaison, à jouer un rôle immense et c'est pourquoi j'ai cru devoir entrer dans ces considérations qui, pour être éventuelles, ne sont pas à dédaigner.

L'industrie laitière a fait quelques progrès, en France, depuis une dizaine d'années. Mais on reste confondu lorsque l'on compare les résultats obtenus ici et dans les pays étrangers, notamment : en Danemarck et en Amérique.

Pour en donner une idée à mes lecteurs, je vais reproduire quelques passages de la conférence qu'un de mes bons amis, M. R. Lezé, professeur de technologie à Grignon, a faite à la *Société nationale d'encouragement à l'industrie*, à son retour de l'Exposition de Chicago, où il avait été envoyé en mission, par le Ministère de l'agriculture :

« C'est inouï, dit le conférencier, de voir la puis-
« sance du travail industriel de l'Amérique. Les
« progrès surgissent avec une rapidité étonnante sur
« chaque point de cette terre privilégiée. Le capital
« abonde et le crédit agricole, au lieu de se resserrer,
« s'applique largement à féconder le travail, de jour en
« jour plus intelligent et plus éclairé. Il jaillit de cette
« union une source féconde de prospérité. »

Afin de présenter à la Société, d'une manière plus saisissante, l'ensemble des méthodes américaines, M. Lezé donne la description d'une grande laiterie établie à Saint-Albans, dans le comté de Vermont, avec tous les perfectionnements modernes et les appareils les plus nouveaux et réputés les meilleurs.

Voici comment il s'exprime :

« Cet établissement est installé sur un type analogue
« à celui de nos sucreries fournies de râperies. La
« laiterie de Saint-Albans se compose d'un certain
« nombre de petites usines réparties dans la campagne
« des environs et destinées seulement à écrémer le
« lait. Le lait écrémé reste dans l'écrémerie et est
« rendu aux cultivateurs moyennant un prix fixé,
« ainsi que dans les râperies la pulpe de diffusion est
« reprise par les fournisseurs, au grand bénéfice de
« l'économie de transport.

« Dans l'usine centrale, on réunit la crème de toutes
« ces écrémeries et on la traite pour la fabrication du
« beurre.

« Le chiffre de la fabrication est colossal, on traite
« chaque jour à Saint-Albans plus de 200,000 litres
« de lait pour fabriquer environ 10,000 kilogrammes
« de beurre. C'est la production journalière de 25 à
« 30,000 vaches qui est absorbée par cette laiterie. »

Quoique les détails donnés par M. Lezé soient très
intéressants, je suis obligé de m'arrêter là. Je n'ai
d'ailleurs voulu démontrer que pendant que les cultivateurs de notre région restent en méditation devant
leurs champs de blé, ou de betteraves, qui ne poussent
pas, parce qu'il n'a pas plu pour dissoudre les poudres
merveilleuses qu'ils sont allés chercher aux gares de
chemin de fer, ou bien, parce que ces substances
fertilisantes ont été entraînées, dans le sous-sol, par
des pluies trop abondantes, pendant ce temps-là, dis-je,
les agriculteurs américains réunissent, dans une région

relativement restreinte, 25 à 30,000 vaches qui leur donnent d'abondants et riches fumiers, destinés à reconstituer, au fur et à mesure qu'il se décompose, l'humus de leur sol !

Et on vient dire à l'agriculteur français : « Ne vous « désolez pas, prenez patience. Quand l'humus du « sol américain sera épuisé, on ne pourra plus vous « faire concurrence, parce que les cultivateurs de là- « bas seront obligés, comme vous, d'acheter des « engrais chimiques. »

Amère ironie ! comme si les hommes du nouveau monde étaient assez bêtes, pour se laisser acculer à cette ruineuse extrémité !

Je n'ose espérer, pour mon pays, au moins **pour** longtemps encore, l'établissement d'usines aussi grandioses ; mais entre cela et se croiser les bras, en maudissant la dureté des temps, il me semble qu'il y a une immense marge qui permet, à l'homme actif et intelligent, de faire autre chose que de maugréer. Aussi, vais-je essayer de lui indiquer une voie.

J'allais arrêter là mes considérations générales, lorsque je reçus le compte rendu de la séance du 27 décembre 1893 de l'Académie des sciences, dans lequel je lus :

« En analysant les eaux de drainage d'hiver, « M. Dehérain reconnaît qu'elles sont très chargées « de nitrates quand elles proviennent de terres nues, « mais qu'elles sont très pauvres, au contraire, quand « elles s'écoulent de terres portant des graminées, « de la prairie, ou du blé d'automne. Les nitrates sont,

« en effet, retenus en nature par les racines où il est
« très facile de les caractériser et même de les doser ;
« or comme, en décembre, les racines des blés d'au-
« tomne (dont M. Dehérain montre une très intéres-
« sante photographie) ont déjà 30 centimètres de long,
« on conçoit qu'elles soient capables de retenir les
« nitrates et d'empêcher leur déperdition.

« Pour éviter ces pertes, M. Dehérain recommande
« de semer, immédiatement après la moisson, une
« plante de végétation rapide qui garnit le sol pendant
« tout l'automne et empêche ainsi l'entraînement des
« nitrates, à l'époque où cela est le plus à craindre.
« Quand on néglige ces cultures dérobées, on s'expose
« à perdre, à l'automne, par entraînement dans les
« eaux souterraines, plus de nitrates qu'on n'en avait
« donné, comme fumure, l'année précédente. »

Hélas ! je suis encore obligé de constater que chaque
fois qu'un savant — et M. Dehérain en est un au-
thentique — donne des conseils aux agriculteurs,
presque toujours ils sont absolument impraticables.
M. Dehérain n'a pas songé qu'aussitôt la moisson ter-
minée, il n'y a pas une minute à perdre pour préparer
les semailles d'automne : seigle, vesce, escourgeon et
le blé, sans compter les racines à arracher et à char-
rier. Si on réensemençait les chaumes de blé, d'avoine
et d'orge, il faudrait tripler les attelages et le personnel.
Puis, comment ferait-on les charrois de fumiers et les
labours d'hiver, sur ces terres nouvellement semées ?
Avec tout le respect que je professe pour M. Dehérain,
j'ai le regret de dire que son conseil est absolument

inconcevable, parce qu'il semble indiquer que l'éminent professeur n'a aucune idée des travaux agricoles.

Seulement, ce n'est pas pour me procurer le vain plaisir de surprendre un savant en flagrant délit d'erreur, que j'ai reproduit cet extrait du compte rendu de l'Académie des sciences, mais bien pour démontrer L'UTILITÉ INDISPENSABLE de l'humus pour suppléer, dans les terres nues, aux racines des végétaux absents, qu'il remplace d'ailleurs fort bien.

J'adjure mes contemporains de réfléchir aux funestes conséquences qui résulteraient de la diminution importante de l'humus, dans le sol de notre pays. Le département de l'Aisne, qui était réputé l'un des plus riches de France, quand il possédait plus d'un million de moutons, ne tarderait pas à marcher après le Berry et la Sologne, si on continuait à se désintéresser du bétail, comme semble l'indiquer le mouvement actuel.

En dehors de cette considération de l'humus, sur laquelle j'ai tant insisté, il y en a une autre : C'est que l'on n'arrivera pas à produire, *économiquement*, le blé et la betterave, si on ne sait pas se procurer du fumier, sinon *pour rien*, — ce qui est très possible, — au moins à fort bon compte. Et on ne peut obtenir ce résultat, dans notre région, qu'avec des moutons précoces, rustiques et portant peu de laine, ou la vache laitière, et à la condition que le tout sera entretenu judicieusement.

Mercin (Aisne), 15 janvier 1894.

# CHAPITRE PREMIER

## De l'Utilisation du Lait

Logiquement, ce chapitre aurait dû être placé à la fin du volume, parce que, avant d'utiliser le lait, il faut le produire. Mais, d'un autre côté, comme le lait est une substance que l'on ne peut pas emmagasiner, à l'état naturel, il est absolument nécessaire, avant d'en faire, de savoir comment on en tirera convenablement parti.

Actuellement, la production du lait, en France, est d'environ soixante-dix millions d'hectolitres, mais il est certain que si on supprimait toutes les vaches médiocres pour les remplacer par des bonnes ; si on les nourrissait toutes d'une manière rationnelle et qu'on les entretint selon les règles de l'hygiène, on arriverait, sûrement, sans en augmenter le nombre, à une production de cent millions d'hectolitres.

Or, si on utilisait ces trente millions d'excédent, de la même façon que les soixante-dix millions actuels, on arriverait à une surproduction qui amènerait une véritable débâcle dans la vente du lait et de ses dérivés. On se trouverait dans la même situation que nous voyons, en ce moment, l'industrie sucrière et bien d'autres.

Heureusement, on ne fait pas, en France, avec le lait, tous les produits que l'on peut en tirer, comme, par exemple, le lait concentré que nous sommes obligés d'acheter à l'étranger et que nous achèterons de plus en plus, à cause de notre politique coloniale, si nous n'avons pas le bon esprit d'en fabriquer chez nous. Il y a certainement là, pour l'industrie laitière, un débouché de grand avenir.

Il en serait de même pour le lait stérilisé. Et d'un autre côté on peut faire, également pour l'exportation : du beurre, des fromages à pâte dure et à pâte ferme, ou demi-cuits.

La production des fromages à pâte molle est beaucoup plus aléatoire. Si on n'a pas une fabrication soignée et une marque connue et estimée, il est difficile d'y gagner de l'argent, parce que les temps chauds en été, et les temps humides en hiver, occasionnent des pertes qui absorbent les bénéfices, surtout pour ceux qui travaillent avec les halles de Paris. De plus, pour ces produits, il ne faut pas songer à l'exportation, ni même aux expéditions comportant de longs parcours.

Mais, en tous cas, il y a encore de beaux jours pour ceux qui font de *très bons* produits, dans tous les genres de fabrications, de beurre et de fromages divers, car il y en a tant qui travaillent mal !

Seulement, la fabrication des fromages à pâte molle : Brie, Camembert, Coulommiers, etc., nécessite tant de soins, qu'elle peut difficilement être confiée à des mains mercenaires, et chez tous les producteurs de *hautes marques*, c'est la patronne qui est l'âme de l'affaire. Car il suffirait de changer de fromager, ou de fromagère, et de tomber sur une personne incapable, ou peu soigneuse, pour discréditer la marque *en très peu de temps*, et il est bien difficile ensuite de la faire reprendre.

On peut compter, en grande culture de pays de plaine, que le lait revient de onze à treize centimes, en moyenne, sur toute l'année. A ce compte-là, toutes les nourritures sont payées au prix du marché, — en prenant le prix moyen de dix ans, — et on n'a pas besoin de les conduire aux gares et aux usines. J'ai souvent entendu dire à des cultivateurs : « En comptant tout, on n'a pas de bénéfices ». Il me semble que quand on vend sa luzerne au marchand de fourrages, et sa betterave au fabricant de sucre, ils ne vous donnent pas, eux non plus, de bénéfices. Mais ce que les animaux donnent, *au moins*, s'ils sont bons et bien entretenus, c'est leur fumier pour rien, ce qui n'est pas peu de chose. D'un autre côté, on *vend*, à ses animaux, bien des choses dont on ne voudrait pas dans le commerce.

La vente du lait, en nature, est certainement ce qu'il y a de plus clair et de plus simple, parce que l'on connaît, exactement, les résultats obtenus et qu'il n'y a pas d'aléas.

La fabrication du beurre, avec une bonne vacherie et une laiterie bien organisée, peut donner de bons résultats, pourvu que l'on ait les débouchés convenables pour ses produits, ce qui n'est pas autrement difficile à obtenir, en travaillant bien ; car, actuellement, dans nos campagnes, on fait généralement du beurre atroce. La crème, battue au bout de huit jours, a fermenté outre mesure, a moisi et le lait qu'elle contenait s'est aigri : de sorte que le beurre pique, à la gorge, au bout de quelques jours.

Dans ce pays-ci, les palais y sont habitués : c'est pourquoi les personnes, même délicates, mangent cela sans se plaindre. Mais c'est un état de choses appelé à disparaître. On installe des laiteries avec les appareils nouveaux : écrémeuses centrifuges, réfrigérants, barattes perfectionnées, etc., et on fait de plus en plus des beurres exempts de goût désagréable. Je

-crois donc que, dans un temps donné, les petits particuliers seront obligés de s'associer pour monter une laiterie ; ou de vendre leur lait à ceux qui seront bien installés ; car ils arriveront à ne plus pouvoir vendre leur beurre qu'à un prix dérisoire.

La fabrication des fromages est, naturellement, plus compliquée que celle du beurre ; elle demande aussi beaucoup plus de temps et de soins, mais quand elle est bien faite et que l'on a des débouchés assurés pour toute l'année, elle donne de bons résultats; seulement, comme je l'ai dit, il faut que la patronne consente à se mettre à la tête de l'affaire ; autrement, on a énormément de chances pour ne pas réussir. On voit, tous les jours, des établissements à vendre, qui sont montés à peine de quelques années.

D'un autre côté, on monte de trop grandes laiteries, aussi bien pour les beurres, que pour les fromages. Alors on est obligé de s'étendre au loin, pour placer ses produits ; cela fait des frais de voyages, de transports, d'encaissement d'argent, absorbant la plus forte part des bénéfices, qui sont toujours restreints, dans cette industrie. Comme ceux chez qui on va faire la concurrence sont obligés de venir chez vous, personne ne gagne d'argent, les usines végètent, ou croulent. Les grandes usines n'ont leur raison d'être que lorsqu'elles travaillent pour l'exportation.

Le lait écrémé à l'écrémeuse centrifuge, nouvellement trait, devrait être beaucoup plus utilisé pour la nourriture de l'homme, soit en nature, soit converti en pain. Mais on a beau préconiser la panification au lait, elle ne prend pas : d'abord parce que les boulangers vendent le pain au lait comme pain de luxe, et que l'ouvrier et même l'employé et le petit rentier ne veulent pas se payer de luxe ; ensuite, les palais ne sont pas habitués à ce goût de lait cuit.

Il y a là une très grosse question que l'agriculture a le plus grand intérêt à faire étudier complètement, d'abord, et à vulgariser ensuite.

On prétend que l'on ne fait de bons produits que dans les pays de pâturages. C'est une erreur. Est-ce que le roi des fromages, le Brie, ne se fait pas en pays de plaine ?

Il est bien vrai que le beurre que l'on fait dans notre région ne vaut généralement rien, mais il est non moins certain qu'il y a des fermes, où les vaches et la laiterie sont bien tenues, qui produisent du très bon beurre.

L'entretien, bien compris et bien entendu, des vaches à la stabulation, permet d'obtenir un lait tel qu'on peut le désirer. Tout réside dans la nourriture et les soins hygiéniques donnés aux bêtes.

# CHAPITRE II

## Du Choix de la Vache

Si je n'avais qu'à indiquer, au lecteur, la manière de distinguer une vache qui *doit* être bonne laitière, de celle qui ne l'est pas, je n'aurais certes pas écrit ce chapitre, car, je me serais borné à signaler quelques-unes des nombreuses publications que l'on a produites sur ce sujet.

Mais je suis obligé de viser plus haut, ou, si l'on veut, plus loin ; car il ne suffit pas d'acheter une bonne vache et de la bien soigner pour être sûr qu'elle donnera de bons résultats, attendu que la question de milieu, d'HABITAT — pour me servir de l'expression technique — domine toutes les autres.

J'ai choisi, sur les foires de Normandie, des vaches excellentes qui n'ont conservé leurs précieuses qualités que pendant un temps relativement court. J'ai mieux réussi avec des jeunes génisses, du même pays, élevées chez

moi ; mais je suis convaincu qu'il y a mieux à
faire.

Dans l'exploitation de la vache laitière,
comme dans celle de bien d'autres animaux,
on se trouve en présence de deux méthodes :
celle de la bête à *deux fins* et celle de la bête
*spécialisée*, et je suis même convaincu qu'il y
a des éducateurs de bêtes à cornes qui regret-
tent beaucoup que leurs vaches ne produisent
point de laine !

Appartenant à l'école d'Emile Baudement,
je suis un spécialisateur, en général, mais surtout, et en particulier, pour la vache laitière
en *pays de plaine* et voici pourquoi : l'élevage est toujours difficile sur un domaine qui
ne comporte pas de prairie permanente où la
végétation de l'herbe est assurée, même en
temps de sécheresse. Or, l'entreprise que je
conseille ne me paraît devoir être largement
lucrative qu'autant que les animaux seront
adaptés à l'habitat. Et, pour cela, il faut absolument se livrer à l'élevage ; mais comme cette
opération n'est pas facile, ainsi que je viens
de le dire, il faut donc la restreindre le plus
possible, et alors on est amené à conserver ses bonnes laitières jusqu'à un âge
avancé.

Dans ces conditions, la bête ne doit plus
être qu'une machine à produire le lait, suffisamment perfectionnée pour pouvoir amortir

le capital qu'elle représente, avant d'être usée. D'où l'inutilité de la prendre fortement chargée de chair musculaire, car, qu'on l'achète, ou qu'on l'élève, il faudra payer cette viande, soit en argent, soit en nourriture, et on aura, en outre, la charge de l'entretenir durant toute l'existence de l'animal, ce qui ne constituera pas un mince intérêt, qui viendra s'ajouter, tous les ans, au surcroît de dépenses de la première mise de fonds.

Il est incontestable qu'une vache de 400 kilogrammes peut donner autant de lait qu'une de 500 et même de 600 kilogrammes.

J'entends souvent dire à des cultivateurs, à qui on propose une vache excellente, mais peu corpulente : « *Si je suis obligé de m'en dé-* « *faire, combien que je vendrai cela au* « *boucher.* »

Le raisonnement tombe tout à fait à faux. D'abord, parce que quand on achète une foule d'objets on ne peut pas se préoccuper de ce que l'on perdra dessus, s'ils ne font pas l'affaire. Quand on achète un chien d'arrêt deux ou trois cents francs, on ne s'inquiète pas de ce qu'il rapportera, après sa mort, s'il arrive qu'il se casse une patte. De même pour un jeune poulain, destiné aux courses, que l'on paie 10,000 francs, parce que son père s'appelle *Gladiateur* ou *Eclipse*, et qui arrive à n'être qu'une rosse, impropre à toute espèce de service, jusque, et y compris, celui de la boucherie chevaline.

Dans l'opération qui nous occupe, si je veux avoir une vache me donnant 2,500, 3,000 ou 3,500 litres de bon lait, mon objectif doit être : de débourser le moins de capital possible et d'avoir, pour la même production obtenue, le moins de *masse animale* à entretenir.

Et pour bien mettre l'erreur de beaucoup à nu, supposons deux vaches donnant 3,000 litres de lait, l'une pesant 400 et l'autre 500 kilogrammes, la première coûtera moins de 400 et la seconde plus de 500 francs ; il y aura bien une différence de 150 francs, parce que la beauté et la forme se paient, et c'est pourquoi les éleveurs normands, ou flamands, dont les animaux doivent finir chez les nourrisseurs des grandes villes, auraient tort de suivre les conseils que je suis en train de donner aux éleveurs des pays de plaine.

Mais revenons à nos deux vaches. Il y a entre elles une différence de 100 kilogrammes de poids et de 150 francs d'argent. Si vous les conservez huit ou dix ans, la seconde vous coûtera l'intérêt de 150 francs plus l'entretien des 100 kilogrammes de poids et, enfin, un supplément de risque, car si on nous parle de sa fin chez le boucher, il ne faut pas perdre de vue qu'elle peut aussi bien aller à l'équarrisseur et même à l'enfouissage.

En tout cas, ce que je conseille aux animaliculteurs des pays de plaine, c'est de ne pas aller dans les gras pâturages de la Normandie, ou de la Flandre, pour acheter de magnifiques bêtes habituées à rester toujours, ou à peu près, dehors; et cela, à des prix exorbitants, pour les soumettre ensuite, à la stabulation permanente, une grande partie de l'année ; je l'ai fait, je sais ce qu'en vaut l'aune.

Que celui qui veut avoir une vacherie, la crée, le plus possible, lui-même, en achetant de bonnes vaches dans le pays qu'il habite, ou dans un similaire, et surtout, en élevant d'abord un taureau provenant d'une *très bonne* vache. Car, le fait est aujourd'hui incontestable, c'est le taureau qui transmet à la génisse les qualités lactifères de la grand'mère. C'est pourquoi je considère comme une opération déplorable, de faire saillir une vache par un taureau dont on ne connaît pas la mère et aussi de le livrer au boucher aussitôt qu'il a terminé sa croissance, sans même attendre, pour savoir ce que seront ses produits.

Je l'ai dit à la conférence que j'ai été chargé de faire par la *Société française d'encouragement à l'industrie laitière*, au Congrès international d'agriculture de l'Exposition de 1889 : « Si les Anglais avaient opéré ainsi, la race « durham n'existerait pas, parce que *Hubback*

«́ aurait été livré au boucher avant que l'on
« ait remarqué sa descendance. »

J'aurais pu ajouter qu'il en aurait été de
même de toutes les autres races qu'ils ont
créées ou améliorées.

Les frères Colling ont conservé des tau-
reaux jusqu'à quinze et même dix-huit ans.

Mais, pour cela, je n'en veux pas aux éleveurs ; on a dit dans certaines chaires de zootechnie que quand un animal avait atteint sa
croissance il fallait le tuer. Je n'ai cessé de
répéter que c'était absurde, et au risque de me
faire traiter une fois de plus, dans les hautes
sphères officielles, de « dénigrant pamphlé-
taire », je dis encore : C'EST ABSURDE !

Lorsque l'on sera sûr d'avoir un taureau
qui transmet les qualités de sa mère, le reste
ira vite, si on a le soin de n'élever que des
génisses marquées de l'écusson de la première
catégorie du système Guénon, dont je vais
donner une figure. Mais, auparavant, je crois devoir dire un mot de cette méthode, que Guénon
a par trop compliquée, et que je vais remettre au
point. C'est en donnant toutes les formes des
écussons et en leur attribuant une valeur fixe,
dans la production lactée, que l'on est arrivé à
si bien embrouiller la chose, qu'elle a fini par
être à peu près délaissée. Il était pourtant
bien plus simple de dire aux éleveurs : toute
génisse qui ne sera pas marquée de l'écusson

de la première catégorie, de la première classe, ne la conservez pas, si vous voulez obtenir d'elle beaucoup de lait. Si on avait agi ainsi, il n'y aurait plus de mauvaises laitières.

Voici la figure représentant cet écusson :

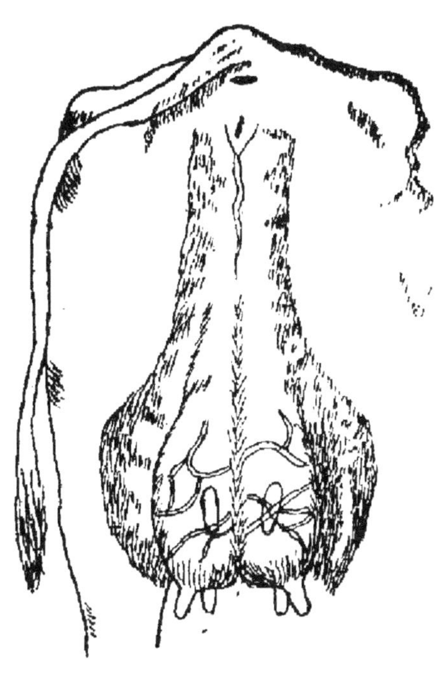

L'écusson est constitué par des poils allant en remontant du pis jusqu'à la vulve et l'entourant même, contrairement à ceux des autres parties du corps, qui vont en descendant.

Ce qu'il y a de plus précieux, dans le système vulgarisé par François Guénon, et qui a été, paraît-il, découvert par le curé de son village, c'est que, quand une génisse vient au monde, on peut reconnaître si elle sera bonne ou mauvaise laitière, et il n'y a que ce signe-là, les autres caractères, indiqués par les auteurs qui se sont occupés de la question, ne se développant qu'avec l'âge.

On m'objectera qu'une vache, ayant un magnifique écusson, peut ne pas être bonne laitière. Cela se voit, c'est vrai, mais alors c'est que ses qualités lactogènes ont été amoindries, ou même annihilées, par un cas pathologique quelconque : mauvais vêlage, mauvaise délivrance, affections de l'estomac, des intestins, de la poitrine, ou, enfin, une mammite ayant désorganisé le pis.

Ce sont là des accidents ; mais, à part cela, une génisse bien marquée sera, on peut dire, TOUJOURS, une bonne vache.

Maintenant que nous savons comment on choisit une jeune génisse, il est bon de dire un mot du jeune taureau. Il a, lui aussi, un écusson, mais toujours *beaucoup* moins développé que sur la femelle. Il ne remonte souvent que de quelques centimètres sur le périnée; mais c'est précisément ces quelques centimètres qui ont leur importance et dont il faut tenir compte. On devra aussi ne pas négliger la tête dans le choix du jeune taureau. Elle devra ne pas être grosse d'abord, parce qu'il pourrait transmettre ce défaut à sa descendance et occasionner ainsi les parts laborieux, ce qui est inévitable avec des veaux ayant une grosse tête et, ensuite, parce qu'il faut, dans les races laitières, que les mâles aient des caractères morphologiques plutôt féminins que masculins.

Je me suis arrêté longtemps sur le choix des jeunes, parce que c'est là la pierre angulaire de l'édifice ; mais on aura toujours besoin d'acheter des vaches, et il faudra les choisir

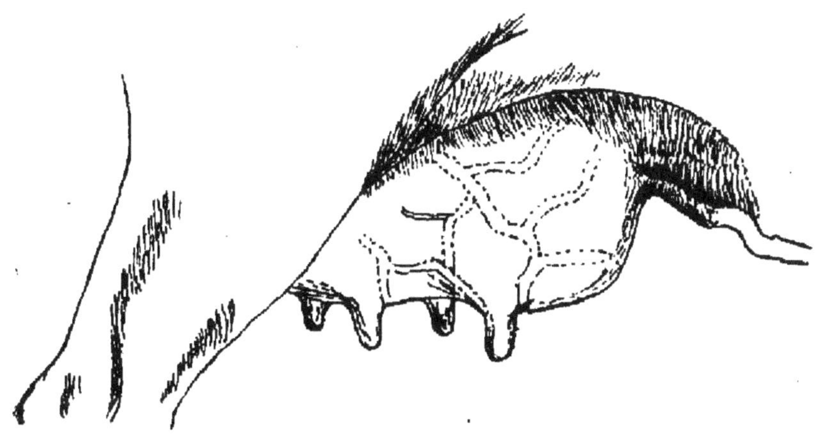

avec un écusson comme celui que j'ai indiqué précédemment et un pis conformé comme le représente la figure ci-dessus.

On remarque assez souvent dans l'écusson, soit sur le pis, soit sur le périnée, à quelques centimètres au-dessous de la vulve, deux ovales que Guénon a appelé des *épis*. Ils sont produits par des poils allant en descendant. Ceux du pis indiquent une bonne laitière. Pour ceux du périnée, j'ai constaté —

comme Guénon d'ailleurs — que la lactation diminue vite chez la vache qui les porte.

Je sais bien qu'il y a beaucoup d'autres signes caractéristiques d'une bonne laitière, et le distingué professeur de zootechnie de l'école d'Alfort, M. Raoul Baron, a institué une méthode de *points* qu'il attribue à chacun de ces signes ou de ces caractères. C'est très ingénieux pour supputer la valeur d'une vache, comme laitière, dans un concours, ou sur le marché ; mais j'ai constaté, dans ma pratique, qu'une bête qui avait un écusson de première classe, de la première catégorie, — celui que j'ai représenté, — avec un pis parcouru par de grosses veines, allant s'enfoncer dans les trous, appelés *sources*, d'un diamètre à y faire entrer mon pouce, j'ai constaté, dis-je, que cette bête possédait tous les autres caractères de la bonne laitière.

Quels sont les signes qui sont consécutifs aux autres ?

Je n'en sais rien et je ne veux pas m'y attarder ; mon objectif étant de présenter, à mes lecteurs, un mode d'investigation sûr, mais réduit à sa plus simple expression, pour ne pas les embrouiller dans les détails.

Je ne veux pas faire non plus de dissertations philosophiques sur l'origine des êtres, mais je suis obligé de constater, en passant, et pour les besoins de ma démonstration, que la grande laitière n'est point sortie « *des mains* » du créateur, pour les uns, ou de la nature, pour les autres. Non ! elle est d'œuvre humaine, et c'est heureux, parce qu'elle se trouve, *ipso facto*, essentiellement modifiable, comme nous le verrons.

Je dis que la grande laitière est l'œuvre de l'homme et, en effet, pourquoi la nature lui aurait-elle fait donner vingt-cinq ou trente litres de lait, alors que son jeune ne peut en absorber que le tiers ou le quart ?

C'est en ne la trayant que matin et soir, que les vaisseaux se sont distendus, que les veines mammaires sont devenues variqueuses et que le pis s'est développé.

Dans ma jeunesse, les grandes laitières étaient toutes maigres dans notre région. Lorsque l'on a demandé plus de viande, on les a croisées avec d'autres races, les suisses d'abord, les normandes ensuite, et les flamandes enfin.

Les suisses et les normandes, s'accommodant mal de la stabulation, ont donné de mauvais résultats. On a mieux réussi avec les flamandes, mais comme on les charge, de plus en plus, de chair et que, ainsi que je l'ai expliqué, je considère comme une mauvaise opération économique de faire porter cent ou deux cents kilogrammes de cette substance à une laitière pendant huit, dix ou douze ans, je ne conseillerai à personne de s'engager dans cette voie.

L'idéal du mouton, grand producteur de viande, à bon marché, serait celui qui ne porterait pas de laine.

L'idéal de la vache grande et bonne laitière serait celle qui ne porterait pas de viande. Mais comme il n'y a pas de moutons sans laine, ni de vaches sans viande, cela revient à dire que moins ils seront porteurs de ces substances, et plus ils se rapprocheront de l'idéal, en tant que bêtes spécialisées, les seules qui fournissent, à bon compte, dans la plupart des opérations zootechniques, la substance que l'on a eu vue.

Je me suis servi plusieurs fois de cette expression : *grande* laitière. Elle rend mal la situation, dans une foule de cas, notamment en ce qui concerne les vaches hollandaises qui sont, généralement, de grandes laitières, mais en même temps de mauvaises laitières, en ce sens que leur lait contient peu de matières alibiles.

Il faudra absolument que l'on arrive à vendre le lait à la richesse, comme cela se fait, d'ailleurs, dans toutes les grandes laiteries. Et comme on a maintenant des moyens de contrôle très précis et donnant des résultats pour ainsi dire instantanés, on sera amené, il faut l'espérer, à étendre la mesure au lait consommé dans les villes.

Pour le cultivateur qui veut faire chez lui le beurre, ou le fromage, et qui n'a besoin que d'établir des comparaisons entre ses vaches, il n'a qu'à se munir d'un bon thermo-lactodensimètre — celui de Pellet, ou celui de Dornic — et autant de tubes crémomètres qu'il a de vaches, ou même la moitié, car on peut faire l'expérience en deux fois.

On trouve ces instruments chez Langlet, 9, rue de Savoie, à Paris, avec la manière de s'en servir.

Vouloir, c'est pouvoir, dit le proverbe ; en matière de transformation des animaux domestiques, c'est très souvent vrai, si, comme je l'ai dit précédemment, on ne va pas contre les lois de la nature, et, me basant sur un autre proverbe : « Si jeunesse savait et si vieillesse pouvait, » je dirai que si j'avais *su* plus tôt, ou si je *pouvais* maintenant, je créerais une vacherie de bêtes spécialisées qui donneraient, *sûrement*, de bons résultats.

Hélas ! la vie d'un homme, et surtout d'un agriculteur, est par trop courte, ou bien il faudrait que sa barque n'ait jamais été aux prises avec la tempête !

# CHAPITRE III

## De l'Alimentation

Avant de dire ce qu'il faut donner aux vaches, comme nourriture, il me paraît indispensable de rechercher les moyens de se procurer, à bon marché, les diverses substances devant concourir à une alimentation aussi saine que rationnelle.

La première de toutes les opérations à faire, c'est de créer des pâtures permanentes, ou temporaires, selon les cas. Oh ! je sais bien que je rencontrerai, sur ce point, beaucoup d'incrédules et même d'adversaires ; mais que m'importe. J'ai bien mis TRENTE ANS, pour faire adopter la race ovine de La Charmoise, dans l'Aisne !

Au surplus, je n'ai jamais écrit pour ceux qui se figurent que tout ce qu'ils font est le dernier mot du progrès, et qu'ils ne peuvent plus rien apprendre.

Mais je suis heureux de dire que j'arriverai

beaucoup plus tôt à mes fins avec la vache laitière, *en pays de plaine,* qu'avec le mouton Charmoise, car je commence, pour ainsi dire, mon prosélytisme et j'ai déjà des adeptes. Il est juste d'ajouter qu'ils font partie de ma famille.

Cette digression était nécessaire pour démontrer que j'attends les critiques de pied ferme.

On a beaucoup écrit sur les prairies et les pâturages permanents ou temporaires. Je pense que nul n'a présenté la question sous son vrai jour.

La vérité vraie, c'est que, quand on ensemence une terre en graminées, il se peut qu'en voulant seulement faire une prairie temporaire, on constitue une prairie permanente et *vice versa.*

En effet, il m'est arrivé d'être obligé de défricher, au bout de quelques années, des pâturages que j'avais cru constituer pour qu'ils restassent permanents, et, d'un autre côté, j'ai renoncé à en défaire, que j'avais fait entrer, dans l'assolement, comme une simple prairie artificielle, de luzerne ou de sainfoin, tant ils étaient beaux après quelques années de pâturage par les bêtes à cornes.

Mais, d'une façon comme d'une autre, il n'y a pas de préjudice causé; car le pâturage, fait dans de bonnes conditions, dure toujours plusieurs années, et on reste libre de le faire

rentrer, ou non, dans la rotation de l'assolement, quand besoin est.

Ne perdons pas de vue qu'il ne s'agit
pas en l'espèce de prairies fauchables. Car
j'ai acquis la preuve que pour la nourriture
d'hiver, on doit préférer certaines légumineuses : surtout la luzerne, le sainfoin et la
minette.

Je viens de dire qu'un pâturage, fait dans
de bonnes conditions, dure toujours plusieurs
années. Quelles sont ces conditions? Ah !
elles ne sont pas bien compliquées : un sol
assez profond, argilo-siliceux; un peu de calcaire ne nuit pas. Un sous-sol suffisamment
perméable pour ne pas retenir une surabon-
dance d'eau, dans le sol, et sans l'être trop
pour amener le dessèchement de la couche
arable : avec cela, une quantité suffisante
d'humus, une terre propre, et c'est tout.

Il n'y a plus qu'à bien préparer le sol et à
semer.

L'ensemencement peut avoir lieu au printemps, ou à l'automne. Dans le premier cas, il
vaut mieux semer dans une céréale — orge ou
avoine — et voici comment on doit opérer :
après avoir bien ameubli sa terre, on donne
un coup de croskill, on sème les graminées,
on passe un trait léger de herse Howard et
on roule à plat, puis, au bout de sept ou huit
jours, on sème en lignes, espacées de vingt

centimètres, l'orge ou l'avoine et on roule à nouveau.

J'ai été amené à semer mes graminées d'abord, parce que j'ai remarqué qu'elles sont beaucoup plus lentes à germer que les céréales, — surtout l'orge, — et que, quand on opère en sol riche, les graminées sortent à peine de terre alors que les céréales la couvrent déjà.

Mais le mieux est de semer en août, ou septembre ; car, à cette époque, le succès est certain, à la condition que le labour sera rassis, ou que la terre aura été suffisamment rappuyée, par des façons — hersages et roulages — trois semaines, ou un mois, auparavant.

Seulement, avant de semer, — comme dirait M. de La Palisse, — il faut choisir, ou plutôt établir la composition de graminées. Au risque de me faire malmener par nos jeunes ingénieurs agronomes et leurs maîtres, ainsi que par les marchands de graines dont je dérange les *trop savantes combinaisons*, je dirai que cette fameuse composition est d'une simplicité naïve. Car elle consiste, tout bonnement, à prendre quelques plantes qui poussent, à peu près partout, dans la région de Paris et du Nord, qui sont rustiques et ont une végétation vigoureuse. Vous aurez beau confier les graminées les plus recommandées à votre sol, s'il ne leur convient pas, elles périront infailliblement et, d'un autre côté, la flore locale viendra toujours s'implanter, au bout d'un an, ou deux, sur votre pâture. Il n'y a donc qu'à en créer le fond, c'est-à-dire les pièces de résistance, donnant, sûrement, des résultats satisfaisants, en attendant que d'autres viennent, ou ne viennent pas s'ajouter, pour fournir des éléments améliorateurs, ou destructeurs.

A la fin de ma carrière, et après plusieurs insuccès, ou, si l'on veut, après m'être fait *rouler* par certains marchands, dont un, notamment, — et mieux que les autres, — du département de l'Aisne, voici à quelles graminées je me suis arrêté :

> Dactyle pelotonné, v. ;
> Houque laineuse, a. ;
> Ray-grass d'Italie, b. a ;
> Ray-grass anglais, v. ;
> Avoine élevée ou fromental, v.

Le dactyle pelotonné, le ray-grass anglais et le fromental étant vivaces, suffisent, amplement, au bout de deux ans, à fournir un bon pâturage.

La houque laineuse donne de très fortes touffes la première année.

On mélange par quart, les deux variétés de ray-grass comptant pour une, et on sème 50 kilogrammes à l'hectare, à l'automne, sur tèrre nue et 60 kilogrammes, au printemps, dans une céréale.

On conseille d'ajouter, aux graminées, une petite quantité de légumineuses, comme le sainfoin, le tréfle hybride, le trèfle .blanc, la minette, etc. Je ne partage pas cet avis. L'objectif étant de faire sortir les vaches *tout le plus tôt possible*, les jeunes pousses des légumineuses ne possèdent alors aucune qualité nutritive et peuvent occasionner, et occasionnent, des troubles dans l'estomac et dans les intestins.

Maintenant comment faut-il faire pàturer les vaches?

Tout d'abord, au printemps, s'il y a beaucoup de taupinières, il faut les faire écarter et donner, en tout cas, un coup de rouleau.

Si on a des prairies permanentes et rien que cela, le mieux est de les faire entourer, soit de haies, soit de fil de fer, mais comme dans les pays de plaine on aura, dans la plupart des cas, des pàturages temporaires, on se trouvera en présence de trois moyens pour faire pàturer les vaches :

1° Les laisser en liberté en les faisant garder ;

2° En les mettant au piquet ;

3° En les enfermant dans un parc mobile proportionné à la quantité de bétes que l'on possède.

Quand on a un vacher ayant l'amour de ses bêtes, le mieux est de les lui faire garder; car si on veut l'utiliser à autre chose, en mettant les vaches au piquet, ou dans un parc, on n'est. pas longtemps d'accord avec lui. Un bon vacher, c'est comme un bon berger: en dehors de leur travail spécial, ils ne valent pas cher.

Il se peut, néanmoins, que l'on ne puisse pas les faire garder, alors il faut avoir recours à l'un des deux autres moyens. Le piquet me semble un mauvais système. La bête se trémousse, surtout quand il y a des mouches, sans se donner le même exercice salutaire que lorsqu'elle se promène en pâturant ; elle piétine la nourriture qu'elle doit absorber et la souille ; puis, elle dépose ses excréments dans un petit rayon et, lorsque l'on remet le pâturage en culture, on voit les places dans les récoltes qui versent en ces endroits et sont médiocres en d'autres.

Le parc est bien préférable. Chez mon neveu, M. Sosthène Leroy, à Ly-Fontaine (Aisne), c'est ce système qui est adopté. Son parc a cent mètres de côté, c'est-à-dire qu'il entoure un hectare. Il est composé de claies en fer, de deux mètres chacune, maintenues, ensemble, par un accouplement et au sol par une fiche, le tout en fer.

Cet entourage coûte une douzaine de cents

francs et mon neveu y met de 40 à 50 vaches. Si on en avait moins, on diviserait le parc en deux, et on ferait d'abord entrer les bêtes dans la partie la plus rongée, puis dans l'autre. De cette façon, elles auraient toujours une nourriture égale, ce qui est à considérer, surtout pour une laitière.

Le parc a les avantages du pâturage en liberté, tout en rendant le vacher libre, ce qui lui permet d'aller faucher d'autres nourritures, dans les moments de sécheresse, ou si on n'a pas une quantité suffisante de pâturages.

Ce qui rend précieux les pâturages temporaires de graminées, c'est que l'on peut y envoyer ses vaches de *très bonne heure*, chose impossible avec les légumineuses et, aussi, c'est qu'ils peuvent succéder, dans un délai relativement court, à ces mêmes légumineuses.

J'ai souvent entendu dire : « Chez moi, ça ne réussirait pas. »

Et si je demande : Est-ce que la luzerne vient bien chez vous ?

On me répond : « Oui, mais maintenant elle ne dure plus, et au bout de trois ou quatre ans elle est envahie par les herbes. »

Par les herbes ! Mais qu'est-ce que cela, sinon des graminées ?

Comment! les graminées adventices poussent naturellement dans votre sol, et vous prétendez qu'en en semant des cultivées, elles ne viendraient pas ?

Si, elles viennent bien, et partout où j'en ai semé, ou fait semer, j'ai réussi, ou on a réussi, je l'affirme.

Il est bien certain que, dans les périodes de sécheresse, ou ne pourra compter, sur ses pâturages, que pour donner de l'exercice à ses laitières et à ses bêtes en gestation, ce qui est aussi indispensable aux unes qu'aux autres, comme je l'expliquerai plus loin. Mais on ne sera pas pris au dépourvu, car on aura eu le soin de se ménager une série de récoltes que l'on pourra donner vertes, si besoin est, ou que l'on fanera, si on peut s'en passer.

C'est le trèfle incarnat qui ouvre la série. Le hâtif, le tardif et l'extra-tardif, que les marchands de graines appellent incarnat, blanc, — tout comme s'ils disaient, du trèfle violet, blanc ! — Ce trèfle farouche, — pour l'appeler par son nom, — qu'il soit incarnat, ou blanc, est un aliment *fort incomplet* pour la laitière, et il est indispensable de le compléter par un adjuvant comme le son, par exemple.

Il faut d'ailleurs prendre la même précaution lorsque l'on sort les bêtes, au printemps, sur ses pâturages, quand l'herbe est courte, jeune et tendre.

Avant d'aller plus loin, il est bon de dire

que les légumineuses, *sur le point d'arriver à maturité,* constituent une très mauvaise nourriture pour la laitière, surtout le trèfle farouche et le trèfle violet. Ils leur coupent si bien le lait qu'il est fort difficile de les ramener à la lactation primitive.

Après les trois trèfles farouches, on arrive à la minette, qui est bien meilleure, mais qu'il faut donner avec précaution pour éviter des *bourrages* d'estomac, ou d'intestins.

Puis, vient la vesce d'automne et, aujourd'hui, paraît-il, — mais je ne l'ai pas essayée, — la vesce velue. Il faut espérer que ce n'est pas une *fumisterie,* comme la consoude du Caucase, que l'on donne, depuis quarante ans, comme une nouvelle plante et qui n'a enrichi que les malins vendeurs de plants.

D'après ce qui me revient, de divers côtés, on ne doit pas fonder de grandes espérances sur la vesce velue.

En attendant, le mieux, pour faire suite à la vesce d'automne, c'est de semer cette même vesce, mélangée avec de l'avoine d'hiver, dès les premiers beaux jours, c'est-à-dire en février ou mars. Seulement il faut éviter de la semer en terre froide et sans calcaire, car elle partirait trop tard. On sème quelque temps après, la vesce de printemps.

On peut utiliser aussi les légumineuses,

mais franchement vertes, et encore, si on fait du beurre, doit-on proscrire la luzerne, qui lui donne un goût désagréable, s'accentuant de plus en plus, au bout de quelques jours. La luzerne sèche, bien récoltée, produit un **effet** exactement contraire.

On ne peut guère compter sur le seigle, ni sur l'orge, qui ne sont bons à donner en **vert** que pendant quelques jours seulement. Car la tige durcit très vite et les barbillons incommodent les animaux.

Un fourrage vert, très bon pour la laitière, c'est le moha. Il y en a de deux sortes : celui de Hongrie et celui de Californie. La maison Vilmorin recommande ce dernier ; personnellement, je me suis toujours mieux trouvé du premier.

Le moha se sème aux mêmes époques et dans les mêmes conditions que le maïs fourrager, qu'il remplace très avantageusement. Comme pour le maïs, on sème de quinze jours en quinze jours, pour que tout ne soit pas bon à donner à la fois. Et comme c'est un bon fourrage sec, que les chevaux et les moutons mangent aussi bien que les vaches et les bœufs, il n'y a pas à craindre d'en semer une certaine quantité ; car, si on en a de trop, pour donner en vert, on fane le surplus. Comme fourrage sec, je le faisais hacher pour donner à mes vaches et je le faisais mélanger à la betterave, afin qu'il s'humecte et devienne plus digestible.

Il ne faut pas semer le moha sur une terre nouvellement fumée, parce que le fumier tiendrait cette terre soulevée et il serait fort à craindre que la sécheresse, qui est généralement très forte, à cette époque de l'année, la pénètre. D'un autre côté, comme souvent le fumier contient des graines diverses, la jeune plante de moha serait envahie par les plantes adventices qui l'étoufferaient. Sans compter que le fumier, n'étant ni décomposé, ni nitrifié, ne pourrait fournir que peu d'aliment aux jeunes radicelles du moha.

Il est infiniment préférable de se servir d'engrais chimiques qui n'ont pas ces inconvénients et qui donnent immédiatement le *coup de fouet* à la plante.

Le maïs en vert est un mauvais fourrage, il est trop peu nutritif. On est obligé d'en donner beaucoup, et le travail supplémentaire de la digestion nuit, d'autant, à la lactation.

*Qu'on se le rappelle bien, la vache laitière a besoin d'une nourriture d'une digestion facile.*

En résumé, pour la nourriture estivale, il faut d'abord, et comme condition *sine qua non* du succès, des prairies temporaires ou permanentes, pour pouvoir faire sortir les bêtes dès les premiers beaux jours, parce que la laitière est avide d'air et d'exercice, dont elle a un impérieux besoin, comme je m'en suisconvaincu dès mes débuts dans la culture, et voici comment : la commune où je suis né, et où j'ai exploité ma première ferme, possède une pâture communale qui est située à quatre kilomètres du village, sur le bord de la rivière l'Oise. Durant l'été de 1859, je passai par là, à cheval, et, voyant la terre toute rousse, j'entrai dans la pâture pour l'examiner. Il n'y avait *absolument rien à manger*, l'herbe paraissait complètement morte.

Le soir, je dis à ma mère : demain il ne faudra pas laisser sortir les vaches, car elles ne vont rien faire à la pâture, si ce n'est se fatiguer inutilement, puisque le voyage, aller et retour, fait bien huit kilomètres. Ma mère me répondit : « tu verras que nous aurons moins de lait. » Et ce fut vrai. Au bout de quelques jours, la diminution fut même fort sensible. Je remis mes vaches à la pâture et la lactation redevint ce qu'elle était préalablement. En 1862, j'ai renouvelé l'expérience, j'ai obtenu les mêmes résultats.

On le voit, ma conviction au sujet du besoin d'air et d'exercice, pour la vache, date de longtemps. Aussi, mon premier ouvrage, en arrivant dans les deux fermes que j'ai exploitées plus tard, ç'a été de créer des prairies temporaires, ou permanentes, sans me préoccuper de la quantité d'herbes qu'elles donneraient ; cette quantité devant toujours au moins couvrir l'amortissement de la création et le fermage, on a la jouissance de la *salle d'hygiène* pour rien.

Et cette *salle d'hygiène*, que l'on appelle une pâture, donnera, pour les sept mois du régime estival, une augmentation de CINQ CENTS à MILLE litres de lait par vache, selon les qualités lactogènes de chacune d'elles. Le lait sera meilleur et on aura moins d'accidents, du côté des jeunes veaux, soit avant, soit après leur naissance.

Je suis tellement convaincu de ce que j'avance, que si, par impossible, — mais c'est toujours possible, — on ne pouvait pas créer de prairies, je conseillerais de faire promener les vaches sur les routes et de faire aérer complètement leurs étables pendant ce temps.

Je pense qu'avec ces renseignements, ceux qui m'auront compris pourront parfaitement estiver, — c'est-à-dire entretenir leurs vaches durant l'été, — convenablement et obtenir des résultats très satisfaisants, comme lucre.

Voyons maintenant quelles sont les plantes à semer, pour avoir une nourriture abondante et saine, à sa disposition, durant la saison hivernale. C'est, d'ailleurs, pendant cette période, que l'art de l'éducateur de bêtes à cornes peut se donner libre carrière, car les choses sont un peu plus compliquées qu'en été, alors qu'il n'y avait qu'à lâcher les bêtes dans les pâtures et leur fournir un supplément de nourriture quand cela était nécessaire.

Il convient d'abord de dire — chose qui n'a malheureusement jamais été indiquée dans nos grandes écoles d'agriculture — que les plantes, graminées, ou légumineuses, une fois fanées, deviennent des aliments incomplets *pour la vache laitière*, à cause de la perte de leur eau de végétation et de certains sucs insaisissables à l'analyse. Mon collègue de la *Société française d'encouragement à l'industrie laitière*, M. Emile **Mer**, professeur à l'Ecole forestière, est venu me contredire, sur ce point, au Congrès international d'agriculture de l'Exposition universelle de 1889, mais il a ajouté qu'il suffisait de ne pas donner la ration complète en fourrage sec et de remplacer ce que l'on a retranché par un aliment concentré, comme le tourteau, par exemple.

C'était déjà un demi-aveu, mais j'ai maintenu énergiquement mon affirmation, parce que j'avais acquis la certitude, par *de nombreuses expériences*, que pour qu'une laitière donne *tout son effet utile,* il faut qu'elle reçoive une nourriture contenant au moins soixante-dix à soixante-quinze pour cent d'humidité, et il n'est pas indifférent que cette humidité soit constituée par de l'eau de végétation, ou de l'eau de puits, comme l'enseigne naïvement le professeur Sanson. J'ai dit que la vache laitière a besoin d'être alimentée avec des substances faciles à digérer, or, il est de toute évidence que l'eau végétale est d'une digestibilité beaucoup plus grande que l'eau de puits contenant toujours des substances minérales et organiques qui la rendent très *lourde*.

Comment alors amener la ration sèche à contenir soixante-dix ou soixante-quinze pour cent d'eau végétale ?

Tout simplement par l'adjonction de racines, et la plus avantageuse d'entre elles, c'est la betterave, et la meilleure, c'est la globe jaune, d'abord, et l'ovoïde jaune des Barres, ensuite. C'est à ces deux variétés que j'ai donné la préférence exclusive, après bien des essais, et je me serais même arrêté à la globe, *seule*, si je n'avais pas éprouvé tant de difficultés pour la confection des silos, dont les côtés s'écroulent avec la globe seule. C'est pourquoi j'ai dû mettre dix à quinze pour cent d'ovoïde des Barres, qui me servaient à édifier les parois.

Voici les avantages que j'ai constatés chez la globe jaune : elle se conserve très bien et très longtemps, — j'en ai gardé jusqu'aux nouvelles. — N'ayant que très peu de racines, elle s'arrache facilement et se nettoie de même. Comme sa partie foliacée est très restreinte, on peut abattre jusqu'aux dernières folioles, sans perte appréciable, de sorte qu'elle ne peut pas repousser.

Maintenant, comme elle n'a pas de collet, on ne trouve pas chez elle, comme chez d'autres variétés fourragères, telles que la *mammouth* et la *disette*, des quantités de sels qui vont jusqu'à nuire aux animaux; car les nitrates de soude et de potasse sont très nuisibles à la lactation.

Si la betterave est la meilleure des racines, dans le cas qui nous occupe, c'est parce qu'elle contient du sucre. Ici, que l'on me permette de dire que tous ceux qui se sont occupés de l'alimentation de la laitière — les professeurs d'agriculture en tête — ont commis la même erreur et en effet, dans leurs formules de ration, ils disent : betterave, carotte, navet ou pulpe, 25 à 30 kilogrammes.

Or, ils oublient qu'une vache donnant, par exemple, 20 litres de lait par jour, produit environ un kilogramme de sucre et qu'il ne peut, par conséquent, pas être indifférent de lui donner de la betterave, ou du navet. Je sais bien que les fécules, les amidons et même les dextrines, peuvent être transformés en sucre par l'appareil digestif; mais c'est précisément là où je veux en venir. On sait cela, mais de la manière la plus élémentaire — je devrais dire rudimentaire — parce que les physiologistes n'ont pas pu, jusqu'à ce jour, faire porter leurs investigations sur les grands mammifères, attendu que l'on n'a rien fait pour mettre à leur disposition ce qu'il fallait pour cela.

Chaque fois que j'ai demandé l'institution de stations zootechniques d'expérimentation, annexées à nos grands établissements d'enseignement agricole, ou vétérinaire, et, ce qui serait mieux, à tous les deux, on m'a objecté la question d'argent. Mais le Ministère de l'agriculture ne pourrait-il faire quelques économies, par ci, par là et, notamment, sur les concours que l'on multiplie par trop, à mon sens. C'est très joli de faire exposer de beaux animaux dans les Concours des Comices et des Sociétés d'agriculture, dans les Concours spéciaux et régionaux et, enfin, au Concours général de Paris. — Que de concours! — Mais il n'est pas du tout démontré que ces *beaux* animaux sont de *bons* animaux. Loin de là, car il est certain que la plupart d'entre eux constituent leurs éducateurs en perte.

Ne serait-il pas beaucoup plus logique et beaucoup plus utile, surtout, de rechercher quels sont ceux qui paient, le mieux, leur nourriture, et quelle est la manière de les entretenir, pour obtenir d'eux le maximum possible de bénéfices?

Pour cela, il n'y aurait qu'à installer, près de nos trois écoles vétérinaires, ces stations zootechniques, dont je viens de parler, et en les dotant, *largement*, on serait étonné, dans quelques années, des immenses résultats obtenus.

Malheureusement, je crains bien que l'on nous laisse, encore longtemps, à nous vieux expérimentateurs, que, dans un certain monde, on appelle des empiriques, le soin d'apprendre aux jeunes *ingénieurs agronomes* la manière d'alimenter une vache, à peu près convenablement. Je dis à peu près; car, dans nos recherches, dans nos expériences, nous sommes obligés de marcher par tâtonnements parce que, en l'état actuel de la science physiologique, on ne peut pas s'appuyer sur elle. On a beau avoir usé ses fonds de culottes sur les bancs des écoles, jusqu'à vingt ans, on a beau avoir fureté dans une foule de livres, on n'a pas pu apprendre ce qui n'est pas découvert; et ceux qui mettent toujours cette pauvre science en avant, pour masquer leur ignorance, sont beaucoup plus empiriques que nous.

Mais, pour faire ces expériences par tâtonnements, que de déboires, que de mécomptes et de sacrifices! Ce n'est qu'après bien du temps, alors que l'on est à la fin de sa carrière et que l'on ne peut plus en profiter, que l'on est fixé sur bien des points.

Si encore on vous écoutait !

Mais il est grand temps de revenir à l'alimentation de la laitière.

Pour estimer ce que l'on doit semer de betteraves, on peut compter 25 à 30 kilogrammes par jour, selon le poids des bêtes et leur état de lactation, soit, par mois, 8 à 900 kilogrammes, et pour cinq mois 4,000 à 4,500 kilogrammes.

Mais il peut faire du mauvais temps à l'automne ou au printemps, et il est sage de compter six mois de stabulation et de se munir de provisions en conséquence, d'autant plus que la betterave peut être une précieuse ressource, pour le cas d'une grande sécheresse, survenant tout d'un coup au printemps, et arrêtant toute végétation. Il n'y aurait donc aucun inconvénient à porter la récolte à 6,000 kilogrammes par tête.

Mais il est impossible, au moment des semailles, de supputer quelle quantité on récoltera à l'hectare ; seulement, à partir du mois d'août, on peut estimer ce que l'on aura, et si on voit que la récolte sera au-dessous des besoins, il faut se hâter d'y suppléer, en semant des navets.

J'ai dit que le navet ne vaut pas la betterave, mais il est facile d'y remédier, comme on le verra quand je m'occuperai du rationnement.

D'ailleurs, je ne le conseille que comme pis-aller et parce qu'il a l'avantage de pouvoir se semer très tard, en récolte dérobée et à peu de frais ; mais je n'engagerai personne à cultiver ses congénères, les turneps et les rutágas, qui occupent la terre toute l'année et qui ne valent pas la betterave.

La carotte est une bonne nourriture pour la laitière, mais sa culture est beaucoup plus aléatoire que celle de la betterave, et son rendement bien moins important, même en cas de réussite. De plus, elle pousse plus à la formation de la viande et de la graisse qu'à celle du lait. Mais elle a un grand avantage, c'est de produire un beurre plus sapide et ayant un meilleur arôme. J'ai expérimenté la carotte concurremment avec la betterave pour la fabrication des fromages à pâte molle, je n'y ai pas trouvé de différence.

Le chou n'est pas à recommander, parce qu'il gèle, parfois, dans notre région, et que l'on peut, de ce fait, se trouver dans une situation très embarrassante. Il donne, d'ailleurs, au lait, un goût peu agréable.

La pomme de terre crue est mauvaise pour la laitière. Elle contient un principe amer qui est comme un poison et qui occasionne des troubles intestinaux à la vache. Mais si on la fait cuire, le principe vénéneux disparaît et on a alors un excellent aliment féculent, *si la pomme de terre est de bonne qualité*, condition expresse. On ne doit cependant pas en donner beaucoup, car on développerait la graisse au détriment du lait.

Je n'ai jamais utilisé le topinambour, pour mes vaches, parce que je craignais qu'il communiquât au lait son goût très fort. J'ai eu tort, j'aurais dû l'essayer. Il a aussi un grave inconvénient, c'est qu'il se conserve mal, une fois arraché, et qu'en hiver il n'est pas commode de l'aller déterrer. Je crois, en tous cas, que pour le donner aux vaches, il faudrait, comme pour les pommes de terre, le faire cuire.

Il convient, dans un pays comme le nôtre, de parler aussi de la pulpe, ou plutôt des pulpes, car il y en a de différentes sortes. Avant d'aller plus loin, je déclare, et sans crainte d'être contredit par quelqu'un de sérieux et de compétent, que toute pulpe fortement acide est absolument nuisible à la lactation. J'ai entendu des cultivateurs me dire : « Mais quand je recommence à donner cette pulpe, le lait augmente. » C'est dans les choses possibles, parce que l'acide excite l'appareil digestif et peut amener, *momentanément*, ce résultat. Mais ce qui est certain, c'est que la production lactée diminuera promptement; allant s'affaiblissant, de jour en jour, pour se terminer au bout de six mois de velage, au lieu d'aller jusqu'à huit, neuf et parfois même dix mois. Il en est exactement de même lorsque l'on nourrit ses vaches avec un aliment incomplet — comme précisément la pulpe — sans adjuvant. La bête emprunte à son organisme ce qui manque à sa ration, mais il est évident que cela ne peut durer longtemps, la réserve étant vite épuisée.

La pulpe peut donc être utilisée, à la condition qu'elle ne sera pas trop acide et que les silos auront été bien confectionnés. Ils doivent être placés sur un terrain en pente et perméable, pour que l'excès d'eau puisse s'écouler. On doit aussi les tasser *très fortement* et les faire suffisamment coniques, pour que les eaux pluviales ne puissent les pénétrer. Je ne puis entrer dans tous les détails de l'ensilage de la pulpe, cela m'entraînerait trop loin. Je me bornerai à dire : faites que votre pulpe ne croupisse pas dans l'eau stagnante, qu'elle ne se corrompe pas, qu'elle n'acquière pas de mauvais goût, ni de mauvaise odeur, autrement vous n'obtiendrez que du lait de qualité inférieure. De plus, si le lait doit être transformé en beurre et surtout en fromage, il faudra arrêter la consommation de la pulpe dès les premiers jours de chaleur, parce que les ferments envahissent les produits.

Je me suis livré, en grand, à l'ensilage du maïs et des légumineuses. J'ai renoncé au maïs, qui revenait à plus cher qu'il ne valait, quoique, cependant, sa valeur nutritive augmente par l'ensilage : mais je conseillerai de mettre en silos les deuxièmes et troisièmes coupes de légumineuses dans les années pluvieuses, si on voit qu'elles soient exposées à être perdues.

Ne m'étant jamais trouvé à proximité d'une brasserie, je n'ai pas essayé la drèche.

Je n'ai pas parlé des feuilles et des collets de betteraves à sucre que l'on donne aux vaches dans certaines fermes. C'est une très mauvaise nourriture. La feuille et le collet de la betterave à sucre contiennent beaucoup d'azote nitrique, et nous avons vu que les nitrates sont absolument nuisibles à la vache laitière. On se prive d'un excellent engrais, pour en faire un fort mauvais aliment.

Sans doute, quand on n'a pas d'autres substances vertes à sa disposition, et que l'on nourrit ses vaches avec des fourrages secs, la queue de betterave amène une surproduction momentanée, de lait, mais c'est au détriment de la continuité d'une bonne lactation. Il est facile de le comprendre, en voyant comment les excréments sont liquéfiés. Une bonne lactation ne résiste pas à une purgation répétée.

Si on a, à sa disposition, des navets, des betteraves et de la pulpe, on commence par faire manger les navets, — qui se conservent mal, — en les mélangeant avec de la betterave ; puis on fait la même opération avec la pulpe, en se ménageant une réserve de betterave, que l'on donnera pure, à partir des premières chaleurs.

J'arrive aux fourrages concentrés. Ici, la question devient épineuse ; car, que de controverses n'a-t-elle pas soulevées ?

Toutefois, il convient de dire que ceux qui y ont pris part étaient, souvent, bien incompétents, ou bien partiaux. Tantôt, ça a été des marchands de tourteaux, ou de farines exotiques ; une autre fois, c'est un zootechnicien en chambre qui n'a jamais alimenté, ni même vu alimenter une vache. Les premiers, pour vendre leur tourteau de ceci, ou leur farine de cela, à moins que ce soit une *provende*, ou un *condiment* quelconque, dénigrent les autres produits et tout spécialement le son, parce qu'on le tire directement de chez le producteur, et qu'il n'y a rien à faire de ce côté ; aussi c'est leur bête noire.

Quand ces marchands de nourriture sans pareille arrivent chez vous, ils commencent, au bout d'un moment de conversation, par vous demander ce que vous donnez à vos vaches et, aussitôt que vous leur avez dit, ils tirent de leur poche un carnet et un crayon, et semblent se livrer à de grands calculs. Puis,

tout d'un coup, ils relèvent la tête et vous disent : « D'après le tableau de Wolff, la re-
« lation nutritive de votre ration est mau-
« vaise ; les matières non azotées dominent
« trop les matières azotées. Tenez, la voilà
« votre ration :

$$\frac{M\,A = 1}{M\,N\,A = 6}$$

« Tandis qu'il faudrait qu'elle fût :

$$\frac{M\,A = 1}{M\,N\,A = 4}$$

« Pour arriver à ce résultat, vous ne pou-
« vez mieux réussir qu'avec mon produit ; il
« vous suffira d'en donner tant par jour. »

Un cultivateur peut-il résister à un si beau langage, « basé sur les données de la science ! »

Non ! il achète, et le tour est joué.

Et puisque j'ai été amené à parler de ces formules : matières azotées et matières non azotées, que les « hommes de science » me permettent de leur dire que je considère comme un aveu d'ignorance, de confondre, sous une seule rubrique : matières non azo-tées, le sucre, l'amidon, la matière grasse, les sels, etc., dont le rôle est différent dans l'estomac et, par suite, dans l'économie. Quand les sciences abstraites seront devenues concrètes, on ne se servira plus de ces formules creuses, tout juste bonnes pour épater le public.

Pour le moment, contentons-nous d'employer ce que l'expérimentation nous a démontré être *bon*, c'est-à-dire donnant des résultats satisfaisants. Et puisque j'en étais aux fourrages concentrés, je dirai que j'ai essayé différents tourteaux et diverses farines, concurremment avec le son, et que c'est *toujours* ce dernier produit qui m'a donné les meilleurs résultats, *sans aucun doute possible*. Mais il faut le donner à l'état sec, afin que la vache soit obligée de l'imprégner de salive, pour que la déglutition puisse s'opérer convenablement, et alors le suc digestif, appelé ptyaline, prépare les mutations et les transformations que d'autres ferments sont appelés à opérer. Ici, le peu que la science nous enseigne est d'accord avec l'expérimentation.

Tous les tourteaux ont l'inconvénient d'engraisser les vaches plutôt que de leur faire donner du lait. De plus, elles se fécondent difficilement et elles s'échauffent au point d'avorter.

Voici, à titre de renseignement, la ration moyenne que je donnais à mes vaches, qui pesaient de 450 à 550 kilogrammes :

| | |
|---|---|
| Betterave ........... | 30 kilog. |
| Menue-paille ....... | 3 — |
| Luzerne ........... | 6 — |

Quant à la paille, on en emploie une quantité suffisante pour que la litière soit assez abondante, de manière à ce que les vaches soient toujours très propres.

Pour le son, on doit en donner autant de litres que la vache produit de lait. Le litre de son pesant deux cents grammes, une vache, donnant vingt litres de lait, devra recevoir quatre kilogrammes de son. Naturellement, on diminue au fur et à mesure que la lactation baisse.

Quelques personnes donnent 50, 60 et même 70 grammes de sel par vache. Je préfère, de beaucoup, mettre, dans le râtelier, un bloc de sel gemme, en face de chaque bête. Car toutes les vaches n'ont pas un même et constant besoin de sel. On peut s'en convaincre en pesant les blocs avant de les mettre dans les râteliers et quelque temps après. On constatera que certaines bêtes en ont consommé beaucoup et d'autres presque pas. Au bout de six mois ou d'un an, les rôles sont souvent intervertis. Telle vache qui n'y touchait pas en est avide, et *vice versa*.

On peut constater le même fait lorsque, dans une cour, il y des murs salpêtrés. Certaines vaches vont les lécher, et les autres point. Au bout d'un certain temps, c'est le contraire. Toutefois, il y a des bêtes qui consomment toujours beaucoup de sel, et d'autres peu.

Est-ce que l'on n'a pas prétendu qu'il était préférable de faire fermenter la betterave avant de la donner aux vaches? C'est une erreur absolue. En effet, par la fermentation, le sucre se transforme en alcool d'abord, et, si on attend un peu, en acide acétique ensuite. Or, l'alcool et l'acide acétique ne peuvent pas jouer, dans l'alimentation, le même rôle que le sucre qui, lui, aurait constitué la lactose.

Sans doute, on doit hacher la betterave et la mélanger à la menue-paille, quelques heures avant de la donner. De cette façon, celle-ci sera humectée et rendue ainsi plus digestible. D'un autre côté, la masse s'échauffera quelque peu, et c'est autant de calories que la vache n'aura pas à emprunter à son organisme pour amener le bol alimentaire à la température du corps, calories qui devront être restituées par la nourriture. Quand le cultivateur ne veut pas faire chauffer la boisson de ses vaches avec du bois ou du charbon, elles la chauffent avec de la luzerne et du son; jolie économie!

Si, au lieu de betterave, on donne des navets ou de la pulpe, la ration indiquée ne suffit plus. Il faut ajouter des farineux qui seront transformés en glucose, pour remplacer le sucre de la betterave dans la formation de la lactose, principe primordial du lait. Car il est absolument indispensable de mettre à la disposition de la vache les substances nécessaires à la constitution de cet élément.

Je crois avoir été le premier à vulgariser cette vérité : que si on ne donne à une vache produisant vingt litres de lait, que de quoi constituer sept cent cinquante grammes de lactose, au lieu d'un kilogramme représentant la dose normale, elle n'en fournira plus que quinze litres, alors même qu'elle aurait à sa disposition les éléments nécessaires à la formation de la matière grasse et de la caséine.

Il se peut qu'une grande laitière devienne très maigre et s'anémie, malgré la ration que je recommande, ce qui est cependant très rare. Alors, on remplace un ou deux kilogrammes de son par la même quantité de tourteau de lin qui est le plus azoté. La maigreur n'a pas grand inconvénient puisque la bonne laitière est presque toujours maigre, mais il n'en est pas de même de l'anémie. On doit donc surveiller la conjonctive de l'œil des grandes laitières, et, si elle n'est pas suffisamment vermeille, il faut y remédier immédiatement en donnant du tourteau, de la farine de pois ou de féverolles et même, au besoin, des ferrugineux comme médicament.

J'ai vu ordonner, dans ce cas, par plusieurs vétérinaires — ce qui indique que cela doit se trouver dans quelque bouquin de thérapeutique — de l'avoine grillée dans une poêle !

Je me demande quel est le principe qui se trouve dans l'avoine grillée, susceptible de guérir l'anémie *chez la vache*, et je serais reconnaissant à celui qui me l'indiquerait. Je n'y ai aucune confiance.

Je conseille même de ne jamais donner aux vaches des grains entiers ou même grossièrement concassés, parce qu'elles digèrent mal les gros morceaux et pas du tout les grains entiers.

La nourriture de la laitière devant être plutôt rafraîchissante qu'échauffante, la farine d'orge serait tout indiquée, si elle n'avait pas l'inconvénient de ne pouvoir être donnée pure et sèche, parce qu'elle empâterait la bouche des animaux ; d'un autre côté, si on la mélange à la betterave, elle est insuffisamment attaquée par le principe actif de la salive, la ptyaline, lors de la rumination. Cependant, on peut en mettre un peu, cela excite l'appétit des animaux. Ce serait le cas lorsque l'on donne des navets ou de la pulpe.

Les fourrages doivent être ainsi classés, comme qualités lactogènes :

1° Bon foin, ou regain, de prairie naturelle, reposant sur un terrain d'alluvion, riche en humus ;

2° Luzerne de première coupe si les tiges ne sont pas dures et grossières ; généralement la seconde coupe est préférable ;

3° Minette, ou lupiline ;

4° Sainfoin, — même observation que pour la luzerne de première coupe ;

5° Et enfin les trèfles qui ne valent guère mieux les uns que les autres.

J'ai donné, comme essai, du foin provenant de mes prairies temporaires et composé, en partie, de ray-grass ; j'ai obtenu un très mauvais résultat.

Il va sans dire que mieux le fourrage aura été récolté et plus il vaudra.

Tous les aliments, d'ailleurs, doivent être sains ; et les tourteaux moisis, comme le son vieux et s'étant échauffé en tas, ou en sacs, ont perdu beaucoup de leur valeur nutritive et peuvent donner un mauvais goût au lait, sans compter les inconvénients que l'on verra au chapitre hygiène.

La menue-paille destinée à être mélangée aux betteraves doit être préalablement passée au cylindre cribleur. C'est incroyable ce que l'on en retire : de la poussière, des champignons, de la rouille et de la carie, etc., etc. Il faut le voir pour le croire, et on se demande comment des animaux peuvent absorber de pareilles saletés, sans être gravement indisposés. Il est vrai que l'on mine lentement leur économie, ce qui fait que l'on n'obtient pas d'eux tout le produit que l'on pourrait en tirer.

La botte de vivre devra être donnée en deux fois ; la moitié le matin, aussitôt la traite, quand on n'a plus besoin dans l'étable, afin de laisser les bêtes tranquilles, pour qu'elles puissent bien et paisiblement ruminer. Il faut d'ailleurs opérer de même après chaque ration et ne laisser entrer les étrangers dans les étables que lorsque l'on ne peut faire autrement.

Les personnes qu'elles ont l'habitude de voir ne les dérangent pas.

On doit également diviser en deux, la ration de son et celle de betterave.

La boisson joue un grand rôle dans l'alimentation, et on pourrait dire, comme un axiome : *pas d'eau, pas de lait*. En effet, un bon lait contient quatre-vingt-cinq pour cent d'eau. Si nous prenons encore, en cette occurrence, comme exemple, notre vache donnant vingt litres, nous voyons qu'il lui faut, pour la constitution de cette quantité, dix-sept litres d'eau.

Les trente kilogrammes de betteraves, par leur passage au coupe-racines et à raison de l'évaporation qui a lieu, depuis leur hachage jusqu'au moment de leur distribution aux bêtes, ne contiennent guère plus de vingt litres d'eau. Ce n'est presque que ce qu'il faut pour la constitution du lait ; il reste donc à pourvoir aux besoins de l'économie, et si on n'y pourvoit qu'incomplètement, gare à la diminution du lait !

J'insiste sur ce point, parce que les vachers,

pour leur tranquillité, ont la mauvaise habitude de mettre la ration de son, dans l'auge, pendant la sortie des bêtes, pour que, à leur rentrée, elles soient plus faciles à rattacher. Mais celles-ci, attirées par un aliment qui leur plaît, ont hâte de rentrer, et ne se donnent pas le temps de boire. On doit donc exiger du vacher qu'il ne mette rien dans les auges ni dans les râteliers, sauf à lui donner quelqu'un pour l'aider à rattacher ses vaches. On ne doit pas d'ailleurs en faire sortir beaucoup à la fois, quatre ou six au plus, autrement elles se battent, et les plus craintives n'approchent pas au bac.

En été, lorsqu'elles sont au pâturage, on met un bac en tôle dans la pâture et on leur conduit de l'eau, au moyen d'un gros tonneau, monté sur un train. On a le soin d'emplir le tonneau longtemps d'avance, pour que l'eau ne soit pas si froide. Il faut, aussi, qu'il y en ait toute la journée dans le bac.

En hiver, on doit avoir une grande chaudière de deux à trois cents litres, selon la quantité de vaches que l'on a. On place cette chaudière près du bac, de manière à ce que la manœuvre soit facile, mais ce n'est pas d'absolue nécessité, car on peut apporter l'eau bouillante avec des seaux. Lorsque l'on veut faire boire les vaches, on commence par déposer dans le bac deux ou trois litres de son, ou de farine d'orge, par tête, et on verse autant de fois cinq ou six litres d'eau bouillante qu'il y a de bêtes à abreuver ; puis on agite le tout fortement, avec un bâton, et on ajoute la quantité d'eau froide nécessaire.

On peut obtenir beaucoup de lait, en élevant haut la température de l'eau, trente-cinq degrés, par exemple, et en y ajoutant une forte quantité de son. Mais les vaches maigrissent fort et peuvent s'anémier. De plus, leur organisme se fatigue et elles sont vite usées. Le mieux est de s'en tenir à une bonne production normale.

Lorsque l'on se contente de faire boire de l'eau froide, en hiver, les vaches boivent peu, ou même pas, et alors on a une diminution énorme dans la lactation.

Mais on aura beau bien soigner ses vaches, comme nourriture et comme boisson, ainsi que nous le verrons, dans le chapitre suivant, si l'hygiène manque, les résultats ne pourront qu'être négatifs, au moins pour la production du lait, car, dans ce cas, les bêtes engraisseraient.

# CHAPITRE IV

## Logement. — Hygiène. — Traite

Ai-je besoin de dire que les étables doivent être spacieuses et qu'il faut qu'elles soient faciles à aérer ? Non, n'est-ce pas, d'après ce que nous avons vu du besoin d'air, de la laitière ?

Donc, de l'espace, de l'air, et j'ajouterai, de la lumière. En un mot, pour obtenir une lactation bonne et prolongée, il faut que la vache s'illusionne et se croie dans la pâture. C'est, naturellement, une figure, et elle est poussée un peu loin, mais cela veut dire qu'il faut la mettre dans une situation se rapprochant, *le plus possible*, de celle qu'elle avait lorsqu'elle était dans la prairie.

Mais s'il lui faut un air pur, on doit veiller, avec grand soin, à ce qu'il ne lui arrive pas directement et *surtout par courants*. Par conséquent, on placera les baies, ou les ventilateurs, le plus près possible du plafond et en s'arrangeant de façon à ce que le vent ne puisse pas tomber sur les animaux.

La vacherie peut être établie en long, c'est-à-dire avec les vaches attachées le long des murs, ou avec les auges au milieu, et séparées par un couloir de service. C'est ainsi qu'est aménagée celle de l'Ecole d'agriculture de Crézancy, et on peut la considérer comme un modèle dans ce genre, si ce n'est qu'il n'y a pas de séparations dans les auges, entre chaque vache, — ce qui est indispensable, — et que le dallage, fait en ciment, est par trop glissant.

Cette disposition, en long, a deux inconvénients : le premier, c'est que l'on fait tenir moins de bêtes, le second, c'est que les vaches ont trop d'espace à parcourir pour rejoindre leur place, et qu'elles sont toujours tentées d'ennuyer les autres en passant, sans compter que le service du vacher est plus pénible, puisqu'il est obligé de porter les rations beaucoup plus loin qu'avec la disposition transversale.

J'ai dû faire transformer une ancienne grange en vacherie. Avec la disposition longitudinale, j'aurais pu mettre vingt-deux, ou au plus, vingt-quatre vaches. J'ai divisé cette grange en trois étables, comportant chacune deux rangées de six bêtes, soit en tout trente-six, et avec des couloirs de service entre chaque rangée, du côté des têtes.

De cette façon, le service se fait très commodément, aussi bien pour la distribution de la nourriture que pour l'enlèvement du fumier. Et si on ne peut tirer le jour que d'un côté, le vacher voit bien clair, la porte fermée, pour soigner, panser et traire ses bêtes.

Ce sont, bien entendu, les auges et les râteliers qui forment les séparations; le dessus reste libre, pour que l'air puisse circuler très facilement. Et comme l'air chaud monte toujours, si on a eu le soin d'établir une ventilation convenable, dans la partie supérieure de l'étable, les animaux auront toujours un air pur à respirer.

A propos de cet air pur, sur lequel je n'insisterai jamais trop, parce qu'il est *absolument indispensable* à une bonne et, surtout, à une longue production lactée, que l'on me permette de rapporter un fait, dont s'est occupée, dernièrement, l'Académie de médecine.

On a pris un homme très bien portant, et on l'a placé en face d'une carafe, remplie de glace, et reposant dans une assiette. L'homme a exhalé son haleine contre la carafe où, naturellement, elle s'est condensée. On a recueilli l'eau de condensation, on l'a filtrée à la bougie de porcelaine, pour être sûr qu'elle ne contiendrait pas de microbes, et on l'a injectée à des cobayes qui sont devenus gravement malades. Il n'y avait donc pas de doute possible, l'homme avait exhalé des miasmes délétères. On répéta l'expérience avec d'autres sujets, et on obtint les mêmes résultats.

Si donc vous mettez dix, vingt ou trente vaches dans une étable mal aérée, chacune d'elles sera obligée d'inspirer ce que les autres auront expiré, et alors, au lieu de se vivifier le sang avec un air chargé d'oxygène, elle s'intoxiquera et se trouvera bientôt dans un état maladif, qui la portera à s'engraisser, si elle est bien nourrie, au lieu de donner du lait.

Que de fois j'ai vu des cultivateurs acheter, à de hauts prix, à des petits particuliers, des vaches excellentes, qui, rentrées dans leurs étables, devenaient médiocres !

L'air pur leur manquait.

Revenons à l'aménagement de l'étable. J'ai dit qu'il fallait mettre des séparations dans les auges, entre chaque vache. Voici comment on les adapte : on fait sceller deux petites pattes en fer au fond de l'auge, et deux autres à chacun des deux bords, de façon à ce que la séparation puisse se mettre en glissière et s'enlever à volonté, lorsque l'on veut nettoyer l'auge.

Ce n'est qu'à l'usage que l'on peut se rendre

compte de l'immense utilité de ces séparations. Car enfin, si on a une vache qui donne
vingt litres de lait, et qu'elle en ait une à sa
gauche donnant douze litres et une à sa droite
n'en produisant que huit ; si on adopte mon
rationnement, qui est, soit dit en passant,
exempt de tout mécompte, on devra donner à
ces trois vaches : vingt, douze et huit litres de
son. Or, si bien que l'on puisse les attacher,
avec deux chaînes, elles trouveront le moyen de
mélanger leurs rations, la vache donnant avec
son museau des coups obliques dans sa nourriture, elle en envoie une partie à ses voi-
sines ; de sorte que celle qui en a reçu le plus
n'en mange pas davantage que celle qui en a
eu le moins.

J'ai essayé de mettre, à côté les unes des
autres, toutes les vaches donnant à peu près la
même quantité de lait. Cela n'est pas pratique,
cette quantité variant rapidement, on est
obligé de faire des changements trop fré-
quents ; les bêtes se tourmentent et on a beaucoup d'embarras pour les faire remettre à leur
place, quand on les sort. La laitière a besoin
de beaucoup plus de calme.

Le pavage des étables est à considérer sé-
rieusement, comme nous allons le voir. Quand
j'exploitais le domaine qui est aujourd'hui
l'école de Crézancy, j'ai reconnu les inconvénients d'un dallage aussi glissant. Les

bêtes font des chutes et j'ai eu des avortements de ce fait. D'un autre côté, je me suis mal trouvé d'un sol étanche, avec citerne pour recueillir les urines. Il faut d'abord faire l'acquisition d'un tonneau à purin. Puis, quand on arrose, comme la nappe de liquide est très mince, l'air s'empare des gaz ammoniacaux et il y a, de ce chef, une perte considérable. Enfin, le travail est très long.

Je préfère, de beaucoup, mettre les vaches sur une couche de matière absorbante, comme : le sable et ce que l'on appelle, dans notre région, du *craon*, c'est-à-dire de la pierre silico-calcaire, à l'état pulvérulent.

Le chemin de service qui se trouve derrière les vaches étant pavé en grès, on fait des bordures surélevées de quinze centimètres, assez fortement enfoncées, pour pouvoir mettre vingt centimètres de matières absorbantes sous les vaches. Il n'y a plus qu'à en faire repiquer la surface, tous les quinze jours, si c'est du *craon* pur.

Si on a les deux substances absorbantes à sa disposition, on donne la préférence à celle qui manque au sol que l'on exploite. On peut d'ailleurs les mélanger.

Tous les deux ou trois mois, on enlève la partie saturée, et si on ne peut pas la conduire, de suite, dans les champs, on la dépose sous un hangar en ayant soin de bien tasser le tour du tas avec le revers d'une pelle, et on couvre de paille. C'est un très riche engrais en même temps qu'un amendement.

Ce procédé a le très grand avantage de ne pas laisser échapper les odeurs d'urine qui vicient l'air.

Il faut que l'aire où repose la vache soit bien de niveau, car si on la met en pente, en inclinaison vers l'arrière, on peut avoir des accidents du côté de la matrice et du vagin, ou même des avortements.

Je n'ai jamais essayé de mettre, sous mes vaches, des scories de déphosphoration ou des phosphates fossiles concassés, les unes et les autres, en menus morceaux. Je crois que l'on obtiendrait un très bon résultat. On pourrait, en tout cas, en garnir la partie sur laquelle les bêtes urinent.

Je dis que je crois que l'on obtiendrait un bon résultat, c'est parce que l'on aurait un riche engrais, approprié à ses besoins. Car, lorsque l'on exploite la vache laitière, il faut semer des phosphates de chaux sur les terres destinées à produire sa nourriture. Autrement, on risque de voir diminuer le lait et, en tout cas, les jeunes êtres qui consommeront ce lait, pauvre en phosphate de chaux, enfants, veaux ou porcelets, viendront mal et pourront être même atteints de rachitisme.

Si on fait des fromages, le caillé d'un lait pauvre en phosphate se conduit mal.

Une vacherie bien propre et bien aérée est le complément indispensable d'une bonne nourriture. Car on peut échouer de trois façons :

1° En entretenant des vaches de toutes les qualités : bonnes, médiocres et mauvaises ;

2° En ne mettant pas à leur disposition une nourriture contenant les éléments nécessaires pour constituer leur production lactée ;

3° En négligeant les règles de l'hygiène, c'est-à-dire en ne fournissant à la vache qu'un air impur et même vicié.

Dans beaucoup de vacheries, ces trois facteurs de l'insuccès, que dis-je, de l'échec, se trouvent réunis.

Il doit y avoir dans chaque étable un thermomètre et, en hiver, on ne doit jamais le laisser monter au-dessus de quatorze à quinze degrés. Autrement, quand les bêtes sortent, si le thermomètre est descendu de plusieurs degrés au-dessous de zéro à l'extérieur, elles sont saisies par le froid, et cela peut leur occasionner des maladies graves.

Toutes les laitières doivent être pansées au moins une fois par jour. Cette opération est absolument nécessaire, et je la considère comme *très importante*. En effet, il est indispensable que la peau soit complètement nette et dépourvue de poussière et de crasse, pour que les pores puissent jouer, avec les poumons, leur rôle d'émonctoire, pour la dépuration du sang.

De plus, le pansement à l'étrille et à la brosse ramène le sang à la périphérie, et active la circulation dans les vaisseaux sous-cutanés ; autant de choses qui rendent de la vitalité à la laitière, vitalité qui lui permet de mieux assimiler et de mieux transformer les substances alimentaires.

Lorsque, au printemps et à l'automne, les bêtes *font leur poil*, il en est qui se couvrent de toutes petites pellicules grasses, qu'il est impossible d'enlever complètement avec la brosse. Il n'y a pas à hésiter, il faut avoir recours à l'eau de savon chaude, en ayant le soin de laver la bête, ensuite, avec de l'eau tiède pure.

Les pis doivent, naturellement, être entretenus, eux aussi, dans un grand état de propreté, et on doit les laver avec de l'eau douce et les essuyer ensuite avec un linge qui ne soit pas trop dur. En été, il est très facile de faire doucir l'eau en la mettant au soleil, mais en hiver on ne peut qu'en mettre dans les étables, le soir, pour le lendemain matin, mais si l'on suit mes recommandations de ne pas laisser monter la température à plus de quinze degrés, ce n'est pas suffisant pour échauffer l'eau, et comme le matin il n'y a souvent pas de feu d'allumé quand le vacher trait, il faut qu'il se borne à enlever les excréments qui peuvent être attachés au pis et à laver la place ensuite, en trempant sa main dans l'eau et en attendant quelques secondes pour qu'elle se réchauffe. En un mot, il ne faut pas mettre d'eau froide sur les pis.

Aussi bien, quand on a le soin de faire une bonne litière le soir, les pis ne sont presque jamais sales le matin.

On doit exiger du vacher qu'il lave soigneusement ses mains avant de traire.

La traite a une importance très grande, beaucoup plus grande qu'on le croit généralement, mais ceux qui ont entretenu beaucoup de vaches et qui ont occupé un certain nombre de vachers, sont parfaitement fixés à ce sujet.

D'abord il faut que les traites soient faites à des intervalles régulièrement espacés. Si on a commencé à traire le matin à trois heures, par exemple, il faudra recommencer le soir à la même heure, en suivant, naturellement, un ordre régulier. Et si on a de grandes laitières, nouvellement vêlées, il est indispensable de les traire trois fois par jour, et alors il est difficile d'espacer régulièrement les traites. Il faudrait que la première eût lieu à quatre heures, la seconde à midi et la troisième à huit heures.

Pour cette dernière, c'est bien tard si on doit utiliser le lait le même jour, mais on peut, très souvent, le conserver jusqu'au lendemain en ayant le soin de le ramener, au plus tôt, à la plus basse température possible, sans aller, toutefois, au delà de quatre ou cinq degrés au-dessus de zéro et en plaçant ensuite les vases dans un endroit frais, ne dépassant pas douze ou treize degrés.

On doit traire les vaches trois fois, aussi longtemps que la chose est nécessaire ; c'est-à-dire, tant que la capacité du pis ne peut contenir la moitié du lait produit. En Normandie, on les trait longtemps trois fois, parce que l'on prétend que la traite stimule l'activité de la mamelle et que l'on a ainsi plus de lait. Ce doit être vrai. Mais il en résulte, sûrement, une fatigue pour la vache, qui n'a pas d'importance là-bas, parce que l'on se défait des bêtes, de bonne heure, pour les vendre aux nourrisseurs des grandes villes. Seulement, en pays de plaine, comme on ne peut pas faire de l'élevage en grand, on doit ménager ses laitières, dans une juste mesure. D'un autre côté, si on active trop la production lactée, dans les premiers temps, c'est souvent au détriment de sa prolongation. Mais, en aucun cas, on ne doit arrêter de traire trois fois, qu'autant que l'on aura la certitude que le pis pourra, très facilement, contenir, sans gêne aucune, la moitié de la production totale, jusqu'à la fin de la douzième heure.

Enfin, on doit traire *à fond* et jusqu'à la dernière goutte, si on ne veut pas voir le lait diminuer dans de fortes proportions.

Comment cela se fait-il?

Je n'en sais rien; mais le fait est certain, indéniable. Comme j'avais deux vachers, j'ai pu me convaincre de la chose. En effet, il y en a toujours un qui va plus vite que l'autre à traire. Or, comme ce dernier veut avoir fini en même temps que son camarade, il ne trait pas à fond, et alors, on constate une diminution qui n'a pas lieu pour les vaches du premier.

J'en ai souvent renvoyé pour ce motif.

Dans notre région, il est difficile de faire soigner les vaches par des Français. On est obligé de s'adresser à des bureaux de placement, — comme à Meaux, par exemple, — pour avoir des Suisses ou des Belges. Le Suisse soigne généralement mieux ses bêtes que le Belge, mais souvent il n'est pas commode à manier, sans compter que quand la nostalgie, ou *mal du pays*, le prend, impossible de le retenir, et il est rare qu'il revienne.

Le Belge, plus soumis, s'attache plus facilement à la maison. Il va faire un tour au pays une fois ou deux, au plus, par an et revient presque toujours.

J'estime qu'un vacher ne doit pas avoir plus de vingt-cinq vaches à soigner et vingt à traire, pour pouvoir leur donner à manger à temps, les traire convenablement et les panser régulièrement. Or, quand on demande un vacher à un placeur, il faut dire ce que l'homme aura à faire, et si on n'accuse que vingt vaches à traire, il se dit : c'est une petite place, et il envoie un compagnon — c'est ainsi qu'il les nomme — fort ordinaire. Il faut donc ajouter que l'on donne de cinquante à soixante francs, plus les droits.

Il y a des vachers qui soignent jusqu'à quarante vaches et qui en traient plus de trente. Le travail est mal fait et les bêtes soignées *va comme je te pousse*. Il n'y a plus de sorciers sur la terre.

J'entre dans tous ces minutieux détails, dans l'intérêt des personnes qui voudraient créer une vacherie et qui ne seraient pas au courant.

Le vacher doit avoir : une étrille à fines dents, une brosse en chiendent, une époussette, une éponge, deux seaux pour le service des pis, un seau à traire gradué à l'intérieur, et des récipients pour le lait : bidons en tôle galvanisée, dames-jeannes en cuivre, ou même des seaux ; mais il faut avoir le soin de munir ces récipients de couvercles, afin qu'il ne tombe pas de saletés dans le lait, et aussi pour que ce lait ne soit pas infecté par les microbes contenus dans l'air et les émanations des vaches.

Dans chaque étable, on place un tableau noir portant, sur le côté gauche, les numéros des laitières et divisé en sept colonnes, pour les sept jours de la semaine. Quand le vacher a fini de traire une vache, comme son seau est gradué, il constate combien elle a donné et l'inscrit sur le tableau en face de son numéro (1). Cette petite opération, qui n'a l'air de rien, est des plus utiles ; car on peut voir si une bête baisse brusquement de lait, et rechercher à quoi cela tient.

D'un simple coup d'œil, jeté sur le tableau, on peut se rendre compte comment se comportent les laitières.

Naturellement, il faut contrôler les totaux des tableaux avec la quantité rapportée à la laiterie, autrement les vachers établiraient des tableaux de pure fantaisie.

Comme je viens de le dire, dès que l'on voit qu'une vache baisse brusquement de lait, il faut en rechercher la cause, et on arrive fort souvent à y remédier. Tandis que sans le tableau, le fait aurait passé inaperçu, neuf fois sur dix.

(1) Les vaches doivent être numérotées à la corne gauche avec des chiffres rougis au feu.

Il ne faut pas perdre de vue qu'une laitière peut donner de deux à cinq mille litres de lait par an ; et la même, selon qu'elle sera entretenue d'une manière rationnelle, ou non, qu'elle recevra les soins que comporte l'hygiène, ou pas, donnera une production de quinze cents à deux mille litres en plus, ou en moins.

C'est pourquoi on entend des cultivateurs vous dire : « J'achète de belles et bonnes « vaches, je les nourris bien, puisqu'elles sont « en bon état, et je n'obtiens pas de résultats. « J'en conclus qu'on ne peut pas gagner d'ar- « gent avec des vaches. »

Je déclare de la manière la plus formelle, et sans crainte d'être démenti, que si on n'obtient pas des résultats satisfaisants avec de bonnes laitières, c'est qu'on ne les a pas entretenues selon les règles que j'ai indiquées dans ce travail. Autrement, on aurait produit du lait, assez abondamment, pour qu'il ne revînt pas à plus de onze ou douze centimes, au plus, en moyenne. Et à moins qu'on l'emploie à l'engraissement des veaux de cent cinquante à deux cents kilogrammes, qui le paient cinq ou six centimes le litre, toutes les autres manières d'en tirer parti donneront des bénéfices.

# CHAPITRE V

## Saillie. — Gestation. — Vêlage
## Elevage des veaux

Doit-on faire produire plus d'un veau par an, à une vache? Je ne le pense pas .Car, quel doit être l'objectif de l'éducateur de vaches laitières ?

C'est, à coup sûr, d'obtenir d'elles le plus grand rendement possible en lait, par an. Or, si on fait saillir une vache un mois après sa mise bas, par exemple, et qu'elle soit fécondée, il est évident que dans l'immense majorité des cas, aussitôt que le fœtus aura acquis un certain développement, le lait tarira. Il y a certainement des exceptions, puisque l'on voit des laitières donner une quantité de lait, relativement importante, alors qu'elles sont au terme de leur gestation. Mais, encore une fois, ce sont des exceptions.

Et puisque nous sommes dans les exceptions, il convient d'en signaler qui se produisent dans le sens inverse aux dernières que je viens d'indiquer. C'est le cas des vaches diminuant de lait aussitôt la fécondation, c'est-à-dire lorsque le fœtus est encore à l'état embryonnaire, et ce n'est certes pas ce que lui fournit la mère, qui est la cause de cette diminution, mais bien un phénomène physiologique qui reste, comme tant d'autres, à expliquer.

Il résulte de tout ceci qu'il n'y a pas lieu de se presser, pour faire saillir les vaches aussitôt après leur vêlage. C'est le moyen de s'assurer qu'elles maintiendront leur pleine lactation, pendant au moins deux ou trois mois. Or, si nous prenons une vache donnant vingt ou vingt-cinq litres et qu'elle maintienne son lait pendant trois mois, on arrive à une production de dix-huit cents à deux mille litres. C'est un fort bel appoint sur le total de l'année et il deviendra alors *très facile* d'arriver, au moins, à une quantité double et même de la dépasser.

Si on vend son lait en nature et que l'on en ait le même débit toute l'année, au même prix, il faut, naturellement, échelonner ses vêlages pour pouvoir toujours satisfaire sa clientèle. Mais si, au contraire, on le vend plus cher en hiver qu'en été, ce qui est la règle, lorsque l'on traite avec les laitiers de Paris, ou une laiterie centrale quelconque, ou enfin, que l'on fait soi-même des fromages à pâte molle, il faut faire vêler ses vaches en temps opportun, c'est-à-dire en août-septembre.

On m'objectera que lorsqu'on laisse passer plusieurs chaleurs à une vache, elle devient d'une fécondation difficile. Cet écueil sera toujours évité si on a le soin d'empêcher que ses bêtes deviennent trop grasses. Sans doute, on éprouvera quelques difficultés de ce côté, si on opère avec de belles normandes et de belles flamandes que j'appellerai *durhamisées*, c'est-à-dire la bête à *deux fins*, ayant beaucoup des caractères morphologiques du durham. Et cependant, j'en ai entretenu de ce genre que je faisais vêler au moment voulu. Une fois, j'ai eu quatorze veaux dans la même semaine.

Je n'ai pas besoin de dire qu'il est indispensable d'avoir un bon taureau ne faisant pas son service *comme les chiens que l'on fouette.*

Il n'y a guère de recommandations à faire pour le temps de la gestation, car une vache nourrie et soignée, comme je l'ai indiquée, arrivera, presque toujours, normalement, à son terme. Je dois cependant revenir sur une observation que j'ai faite, à propos de la boisson. J'ai recommandé de ne rien mettre dans les auges quand les bêtes sont sorties pour boire. A l'inconvénient que j'ai signalé, il faut ajouter qu'elles se précipitent aux portes pour rentrer, qu'il en résulte des accidents et, notamment, des avortements.

La météorisation, l'absorption d'une grande quantité d'eau froide, quand la vache a chaud, amènent presque toujours la mort du fœtus qui se trouve asphyxié. Il peut être empoisonné par les champignons des aliments moisis et, enfin, les nourritures échauffantes, comme le tourteau, déterminent des congestions de l'utérus, qui tuent le jeune sujet.

En dehors de ces causes, il y a l'avortement épizootique, dont je parlerai au chapitre des maladies.

Le temps de gestation d'une vache n'est pas fixe. A neuf mois, on dit qu'elle est à terme, mais elle dépasse souvent ce terme de huit, quinze et même vingt jours. Seulement, une fois que les neuf mois sont écoulés, il faut la surveiller. Il est d'ailleurs facile de se rendre compte que le moment approche. C'est en examinant les deux cavités qui se forment de chaque côté de la queue et qui indiquent l'état de dilatation des os du bassin.

On ne peut pas s'en rapporter au pis. On est parfois obligé de le dégorger un jour ou deux avant la parturition et, d'autres fois, il ne s'emplit que plusieurs jours après.

J'ai souvent entendu dire qu'il y avait des inconvénients à tirer du lait aux vaches avant qu'elles aient vêlé, mais je ne les ai jamais constatés.

Lorsque l'on voit que la bête ne sera pas longtemps à mettre bas, il est bon de ne pas lui donner de gros aliments en abondance ; car, en dehors des inconvénients qui peuvent résulter du côté de la digestion, si le veau était mal placé, on éprouverait plus de difficultés à le remettre dans sa position normale, ou, si l'on veut, à lui faire présenter les deux membres antérieurs à la sortie de la vulve, la tête posée dessus.

Quand on a constaté la bonne position du veau, il n'y a qu'à laisser agir la nature qui, dans la grande majorité des cas, est la meilleure accoucheuse. Toutefois, il convient de surveiller l'opération, car la vache peut s'épuiser en vains efforts et alors le veau « *meurt au passage* ». Lorsque la vache est bien préparée, que les os du bassin sont suffisamment dilatés, on peut aider la bête par des tractions combinées avec les efforts qu'elle fait, mais il faut arrêter aussitôt que ces efforts cessent.

Le veau peut présenter les membres postérieurs à la vulve et n'en arrive pas moins à sortir dans cette position, à la condition que la queue ne sera pas retroussée sur la croupe. Dans ce cas, on refoule légèrement les membres et on rabat la queue.

Je ne crois pas devoir entrer dans le détail de toutes les mauvaises positions, ni donner les moyens de faire reprendre au jeune sujet sa situation normale, comme je l'ai fait pour la brebis dans mon livre sur le mouton, parce qu'il faut, pour une vache, une main exercée. D'ailleurs, il y a, dans tous les villages, des hommes au courant de ces opérations, et j'en ai connu qui auraient rendu des points à bien des vétérinaires, car ces messieurs, qui le prennent parfois de très haut, avec ce qu'ils appellent des empiriques, ne sont pas autre chose sur ce point spécial, puisque, en sortant d'Alfort, ils n'ont jamais vu vêler une vache. Sans doute, ils ont lu, dans des livres, comment il faut opérer, mais tout le monde peut en faire autant.

Je me bornerai à une simple observation, parce que la méthode que je vais indiquer est trop négligée par la plupart des opérateurs : c'est que, lorsque l'on est obligé de retourner le veau et que l'on ne peut y arriver, la vache étant couchée normalement, il faut la mettre sur le dos, les quatre membres en l'air. On réussit très souvent et on évite ainsi d'avoir recours à l'embryotomie, opération qui coûte la vie au veau et presque toujours à la mère quand elle n'est pas faite par un opérateur ayant la main *très sûre*, et encore ne peut-il, parfois, parer à l'hémorragie.

Le veau une fois venu, on lui débarrasse la bouche et les naseaux des mucosités qui les

obstruent, on le bouchonne avec de la paille
et on l'enlève aussitôt, afin que la mère ne le
voie pas. Puis, on fait relever celle-ci pour
éviter la paraplégie consécutive à la parturition.

Dès ma jeunesse, j'ai vu donner un œuf
aux veaux nouveau-nés, de même que l'on
fait prendre à la mère une bouteille de vin
sucré et chaud. Est-ce bien nécessaire? Je n'en
sais rien. Je l'ai plutôt laissé faire que com-
mandé, me disant que si ça ne fait pas de
bien, ça ne peut pas faire de mal.

Comme aussi on fait boire à la vache ce que
le veau a eu de trop de la première traite. Je
l'ai également laissé faire à mes vachers, me
disant que le *colostrum* de ce lait purgerait
très légèrement la bête, ce qui ne peut pas lui
être nuisible. Je n'attache pas grande importance à ces pratiques, mais cependant quand le
vêlage a été laborieux, ou pénible même, je
suis convaincu que la bouteille de vin chaud
sucré *remonte* la bête.

Ce que je recommande expressément, c'est
de donner longtemps des breuvages tièdes à
la nouvelle vêlée, et voici comment on les
prépare : on fait bouillir quatre litres de son
dans une quantité d'eau suffisante pendant
une demi-heure. Puis on en met la moitié
dans un seau et le reste dans un autre, et on
les remplit d'eau froide.

Lorsque l'on fait boire la bête, on a le soin d'agiter le breuvage avec un bâton, autrement le son retomberait au fond, et la vache, qui en est très avide, boirait jusqu'à se faire du mal pour arriver à l'avoir.

Après le vêlage il y a la délivrance, c'est-à-dire l'expulsion, du corps de la bête, de l'enveloppe fœtale que l'on appelle, dans nos campagnes, *délivre* ou *lit*. Généralement, l'expulsion a lieu naturellement, mais il arrive parfois que l'on est obligé de l'extraire à la main. En tout cas, il faut avoir le soin de s'assurer que tout est bien parti, car il suffirait d'un morceau de placenta non expulsé pour déterminer, par sa décomposition, un catarrhe utérin, qui rend presque toujours la vache stérile et fait baisser son lait dans de fortes proportions. C'est une bête à se défaire.

On évite cet accident en faisant des injections antiseptiques dans la matrice lorsque l'on voit apparaître, à la vulve, des matières glaireuses, blanches ou sanguinolentes. Pour ces injections, les vétérinaires recommandent l'acide phénique. C'est une erreur absolue. L'acide thymique, beaucoup plus puissant, bien moins corrosif, répandant une bonne odeur, au lieu de celle infecte de l'acide phénique, est infiniment préférable. Son prix est aujourd'hui très abordable, et je me demande ce qu'attendent MM. les Vétérinaires pour l'employer, surtout lorsqu'il s'agit de vaches laitiéres, attendu que quand le vacher s'est servi d'acide phénique, il arrive très souvent qu'il communique au lait, en trayant, l'odeur désagréable de ce médicament, sans compter qu'injecté à grandes doses dans les organes génitaux, le goût et l'odeur peuvent être transmis à ceux de la lactation.

Voici comment on prépare l'eau thymolée pour ce cas spécial : on met un gramme d'acide thymique dans un litre propre et sec, on verse dessus cent grammes d'alcool à quatre-vingt-dix degrés et on remplit le litre, lorsque l'acide est complètement dissous, avec de l'eau de pluie ou de l'eau bouillie qu'on laisse reposer et que l'on décante ensuite. On doit employer deux litres de cette solution à chaque injection, et on en fait une ou deux par jour selon la gravité du cas, et surtout selon l'époque et la température.

Au bout de huit ou dix jours, une vache doit être parfaitement remise de son vêlage. Elle l'est d'ailleurs souvent plus tôt. Mais si bien portante soit-elle, il faudra la nourrir, durant cette première période, avec beaucoup de prudence et ne donner la ration complète qu'autant que l'on sera certain que les digestions se font bien et que les excréments ne sont ni trop durs ni trop mous, ni entourés de glaires. Il faut aussi que la production des urines soit normale.

Maintenant que nous avons suivi la mère jusqu'à son rétablissement complet, — car je traiterai des affections du pis au chapitre des maladies, — revenons au veau.

Nous l'avons laissé sortant de la mère. Aussitôt qu'il peut se tenir debout, on lui fait boire un peu de lait de la première traite. Ce lait, comme je l'ai fait remarquer, contient du *colostrum*, principe purgatif qui sert à faire évacuer les matières excrémentitielles contenues dans les intestins du jeune sujet et que l'on appelle le *meconium*. Cette matière, qui est poissante, est expulsée assez difficilement, et si on donnait beaucoup à boire, au commencement, au veau, on s'exposerait à déterminer une indigestion, suivie de diarrhée, qui peut être dangereuse. Deux litres pour chacune des trois rations — matin, midi et soir — suffisent pour les deux premiers jours. On augmente ensuite progressivement, mais avec précaution, car lorsque le lait est sain, on peut dire que les quatre cinquièmes des accidents proviennent de ce que l'on a laissé boire, trop à la fois, le jeune sujet.

Au bout de quinze jours, le veau commence à manger. Si c'est en été, on lui donne un peu d'herbe et du son sec. Si c'est pendant la saison hivernale, on remplace l'herbe par quelques fines tranches de betterave et on pend, à sa portée, une toute petite botte de regain de prairie naturelle, ou de luzerne de troisième coupe. On surveille les excréments, qui ne doivent être ni trop durs ni trop mous et ne pas sentir trop mauvais. C'est un guide sûr ; aussi, lorsque j'entrais dans mes étables et dans mes bergeries, mon premier soin était d'examiner la nature des excréments des animaux, surtout des jeunes. Joignez à cela la surveillance de la conjonctive de l'œil et vous n'aurez presque jamais de maladies sur votre bétail.

On doit peser les veaux souvent, tous les quinze jours, d'abord, et tous les mois ensuite ; car il faut qu'ils progressent dans de bonnes proportions, mais sans exagération.

Je ne m'occupe, bien entendu, que de l'élevage du veau destiné à la reproduction, car je n'ai pas assez de temps à perdre pour donner des conseils à ceux qui sont assez naïfs pour faire des gros veaux gras, ce qui, comme je l'ai déjà dit, paie leur lait cinq centimes le litre, ou six au plus !

Lorsque l'on tire avantageusement parti de son lait, quand le veau a trois semaines, on peut commencer à ne plus le lui donner pur et entier. Dans ce cas, je me suis très bien trouvé de la *lactina*, que vend la maison Pilter. Seulement, il faut la préparer *exacte-*

*ment* comme l'indique l'instruction qui est jointe à la facture et avoir la précaution de ne pas supprimer le lait. On commence par ajouter un quart de *lactina*, puis la moitié et, enfin, pendant et jusqu'à la fin du troisième mois, on en met les trois quarts, pour arriver à ne donner que de la *lactina* durant le quatrième mois, au bout duquel on sèvre complètement.

Il y a d'autres produits que la *lactina* pour remplacer le lait, mais comme je ne les ai pas essayés, je ne puis en parler.

Lorsque l'on se livre à la fabrication du beurre, au moyen de l'écrémeuse centrifuge et même de l'appareil Cooley, on peut utiliser le lait écrémé dès que le veau a un mois. En effet, que manque-t-il à ce lait ? de la matière grasse. Or, il est toujours facile d'y suppléer, soit par un peu de tourteau, qui en contient, soit par des farineux que le jeune sujet transforme en matière grasse. Par ce dernier système, on évite les échauffements et les inflammations d'intestins, qui se produisent très souvent avec le tourteau.

Si on opère sur de grandes quantités, on peut émulsionner de la margarine (la maison Hignette, de Paris, vend un appareil pour cela), et on réalise ainsi le bénéfice résultant de la différence des prix.

Mais lorsque l'on fait du beurre, par le procédé ordinaire, c'est-à-dire en laissant monter spontanément la crème et en l'enlevant au bout de trois ou quatre jours, le lait écrémé ne vaut plus rien pour les jeunes animaux, veaux ou porcelets, parce que la lactose, ou sucre de lait, est transformée, en très grande partie, quand ce n'est pas tout, en acide lactique qui, non seulement ne nourrit pas, mais encore peut déterminer des affections des organes digestifs.

Il convient de faire ici une remarque très importante : c'est que l'on s'exagère énormément les exigences du veau, au sujet de la quantité de lait à lui donner. Pour s'en rendre compte, il n'y a qu'à considérer ce qui se passe avec nos belles races de boucherie, du Centre et du Midi, comme : la Nivernaise, la Charolaise, la Limousine, la Bazadaise, etc., qui donnent fort peu de lait, et cependant leurs veaux viennent très beaux. Rarement les vaches de ces races produisent dix litres de lait, fraîchement vêlées. Il est donc inutile de dépasser cette quantité, pour un veau, en lait entier, c'est-à-dire pur et non écrémé. Et comme, en matière d'élevage, on doit toujours observer ce qui se passe dans la nature, on est amené à se dire que telle vache qui donnait huit ou dix litres de lait et même sept ou huit, après son vêlage, n'en donnera plus, au bout de trois mois, que six ou sept. C'est pourquoi il est logique de diminuer la ration du veau au fûr et à mesure qu'il vieillit et qu'il mange davantage, ou qu'il consomme des breuvages nourrissants.

Ne perdons d'ailleurs pas de vue que notre objectif est de nous livrer à l'élevage de bêtes éminemment laitières et non charnues, dont le type est la flamande d'il y a un demi-siècle, ou la picarde que l'on trouve dans la vallée de l'Oise, depuis Chauny jusqu'à Guise et Vervins. Or, il ne faut pas que les jeunes veaux soient trop poussés en nourriture, autrement on développerait, chez eux, la propension à la production de la viande et de la graisse, et on s'éloignerait de l'idéal que j'ai indiqué.

Oh! je sais bien que la gloriole ne trouvera pas son compte dans les idées que j'émets, et que beaucoup les repousseront uniquement à cause de cela. Ils préféreront entretenir une belle vacherie de normandes, ou de flamandes, dodues et grasses, maintenues à la stabulation constante et leur donnant tout de suite deux mille litres de lait par an, mais pour lesquelles ils recueilleront force compliments.

Seulement, j'espère bien qu'il se trouvera des hommes assez sérieux pour se dire que si, au lieu de deux mille litres, on peut en obtenir quatre, cela fait, si on a une vacherie de vingt-cinq têtes, cinquante mille litres de lait!

Je n'accepterais certainement pas des compliments, si élogieux fussent-ils, en compensation de cette production.

Puis, la beauté est quelque chose d'absolulument conventionnel. Est-ce qu'on reproche aux hommes de sport de n'avoir pas des chevaux gras? Est-ce qu'ils nourrissent leurs poulains comme les éleveurs du Perche ou du Boulonais?

Est-ce qu'on reprochait aux mérinos de n'être ni beaux ni gras, quand on vendait leur toison quinze francs?

Non! on se contentait de les entretenir sains et vigoureux.

Faisons de même pour nos laitières *des pays de plaine*, aussi bien quand elles sont jeunes, que lorsqu'elles sont adultes.

En été, on conduit les veaux au pâturage, mais il ne faut pas commencer trop tôt, car leur instinct les conduit à téter les vaches, et il y en a parfois qui se laissent faire. On leur met alors une têtière dont la muserolle est garnie de pointes qui piquent la vache quand ils veulent téter. Malgré cela, j'en ai vu qui y parvenaient encore en se mettant à genoux et en saisissant le bout des trayons. Il faut, dans ce cas, les laisser à la ferme, en ayant le soin de les mettre en liberté dans un vaste bâtiment bien aéré.

Les veaux, dans leur première année, ne peuvent pas se contenter du pâturage, à moins qu'il soit très plantureux ; mais sur des prairies temporaires, ils ne trouvent ce qui leur est nécessaire, que par moments. Il faut donc leur donner un petit supplément à l'étable, et pour cela, un mélange par tiers de son, de tourteau de lin et d'orge concassée, convient parfaitement.

De même en hiver, lorsqu'on les nourrit, comme les vaches, à la luzerne et à la betterave, il faut leur continuer ce mélange, autrement, si on ne leur donne qu'une nourriture abondante, mais peu substantielle, on fatigue l'appareil digestif qui perd de sa puissance d'assimilation pour l'avenir.

La seconde année, le pâturage et la nourriture au vert, si le premier fait défaut, suffisent parfaitement. Toutefois, il ne faut pas négliger les pesées mensuelles ; car il se pourrait que les plantes données ne continssent pas assez de substances alibiles et plastiques, notamment du phosphate de chaux. Alors, si la progression n'est pas suffisante, on a recours au mélange que j'ai indiqué et qui est très bon, parce qu'il est nourrissant et pas échauffant, comme le tourteau seul.

On doit faire en sorte que la croissance de la génisse soit assez avancée, à dix-huit mois, pour que celle-ci puisse être conduite au taureau. Pour cela, il faut qu'il n'y ait jamais eu de temps d'arrêt. On trouvera peut-être que c'est un peu jeune, car certains éleveurs ne les font saillir qu'à deux ans et même deux ans et demi, mais par expérience, je peux affirmer que j'ai bien réussi en adoptant l'âge de dix-huit mois et que la croissance des génisses ne s'en ressent pas, si on les nourrit d'une manière rationnelle.

Une recommandation : si on voit qu'un veau, dans sa jeunesse, soit malingre, mal venant, manquant d'appétit, il faut le sacrifier impitoyablement ; car on a énormément de chances pour qu'il coûte toujours plus cher qu'il ne vaudra et qu'il ne rapportera.

J'ai recommandé pour la laitière l'air et l'exercice, il en est largement de même pour le jeune bétail. Aussi, doit-il être laissé en liberté tant que dure la stabulation permanente, mais au contraire, lorsqu'il va au pâturage, il faut l'attacher pour l'habituer au pansage et le familiariser avec le vacher qui doit manier les tétines aux jeunes génisses afin qu'elles soient, plus tard, faciles à traire.

# CHAPITRE VI

## Maladies. — Accidents

Je n'ai certes pas la prétention de faire, ici, un cours de pathologie bovine, il serait beaucoup plus simple de dire à mes lecteurs d'acheter un ouvrage traitant de ce sujet. Je veux, tout bonnement, faire une espèce de causerie sur les affections que j'ai eu à soigner dans mes étables, avec l'aide des vétérinaires que j'avais le soin de choisir parmi les vieux, c'est-à-dire arrivés à un âge qui leur avait permis d'apprendre leur métier sur les animaux des cultivateurs. Car, on ne saurait trop le répéter, à la honte des gouvernants qui se sont succédé, en France, depuis un siècle, il n'y a qu'un an qu'il y a une clinique de bêtes bovines à Alfort.

Durant ma carrière, j'ai eu affaire à beaucoup de vétérinaires ; j'en ai trouvé de bons, mais j'en ai rencontré aussi de bien médiocres. En général, ils diagnostiquent mal les affections de l'espèce bovine, et cela se comprend, ils se trouvent dans le même cas qu'un jeune médecin qui n'aurait jamais mis les pieds dans une clinique. On a beau vous expliquer les symptômes, dans un livre, ou dans un cours, ce n'est pas du tout la même chose, car la plupart de ces symptômes sont génériques. C'est pourquoi M. Goubaux, mon ancien professeur de médecine vétérinaire à La Charmoise, me disait : « Quelle que soit la « maladie du cheval sur laquelle on vous in- « terrogera aux examens, débutez toujours « ainsi : « L'animal ne mange pas, il a l'air « triste, porte la tête basse, tire sur sa longe, « a le poil piqué, le flanc retroussé et souvent « les yeux larmoyants.

« Avec cela, vous serez déjà à moitié sauvé. »
Et c'était vrai !

Lorsque l'on approche d'une vache malade, la *première chose à faire c'est de l'ausculter*. Un jour, voyant un vétérinaire voulant formuler son diagnostic sans avoir ausculté la bête, je lui en fis l'observation. Il me répondit : « Oh! pour la vache, l'auscultation est bien « difficile. »

Difficile pour vous, répliquai-je, parce que a pratique de la clinique vous fait défaut.

J'ai donné, une fois, un *truc* à un jeune vétérinaire pour se familiariser avec l'auscultation, et la recommandation que je lui ai faite peut être utilisée par tout possesseur de vacherie, intelligent. Voici ce que je lui ai dit : Quand tu seras appelé dans une ferme pour donner tes soins à une vache, examine-là et ausculte-là et, avant de formuler ton diagnostic, dis, négligemment : « Je vais voir s'il n'y en a pas d'autres malades. » Tu auras l'air d'un zélé et *tu te feras l'oreille* sans qu'on s'en doute. Et quand tu auras répété cela, une dizaine de fois, sur des vacheries un peu importantes, tu percevras le moindre bruissement et le moindre gargouillement.

Il le fit et m'en remercia plus tard.

Jeunes éleveurs, faites-en autant, et vous pourrez bientôt distinguer si votre bête a une affection de poitrine, ou une affection des intestins, et alors vous ne laisserez pas votre vétérinaire traiter une vache pour un *bourrage*, alors qu'elle aura une pleurésie des mieux caractérisées, comme je l'ai vu faire, il y a cinq ans, chez un cultivateur, que je fréquentais alors, et dont j'ai sauvé une vache par une simple application d'onguent vésicatoire, sur la poitrine.

## FIÈVRE APHTEUSE OU COCOTE

Comme la fièvre aphteuse vient de faire sa réapparition dans notre département, où elle finira par régner à l'état endémique, si on n'y prend pas garde, je vais m'occuper d'elle pour commencer.

Mais, avant d'aller plus loin, que l'on me permette d'ouvrir une parenthèse. Je ne crois pas qu'il y ait de département pour être plus souvent, que le nôtre, visité par la péripneumonie infectieuse et par la fièvre aphteuse.

A quoi cela tient-il?

A l'imperfection de la loi sur la police sanitaire, à sa non-application dans une foule de cas, ou à son application trop tardive, et surtout, à la complaisance des vétérinaires sanitaires, qui sont énormément plus les hommes de leurs clients, que ceux de la loi.

Je n'insiste pas, j'aurais l'air d'un délateur; mais j'ai pu me convaincre de ce que j'avance lorsque j'étais, comme l'un des vingt assurés payant la plus forte prime, membre du Conseil d'administration d'une Société d'assurances contre la mortalité du bétail, et surtout, plus tard, lorsque mes collègues m'eurent nommé l'un des cinq administrateurs de cette Société.

J'ai pu me convaincre, je le répète, que des cultivateurs avaient fait sortir leurs animaux atteints de péripneumonie ou contaminés, et de même pour la cocote, sous prétexte que les travaux pressaient. Et alors ils infectaient les animaux des voisins, — ici je ferme la parenthèse.

La fièvre aphteuse est, de toutes les maladies contagieuses, celle qui se transmet le plus facilement, mais on n'est pas encore bien fixé sur son mode de transmission. Personnellement, je crois que cette transmission a lieu par inhalation, mais d'autres personnes pensent que c'est par les sabots, c'est-à-dire que la maladie se communiquerait par les pattes. Je me demande comment?

Dans tous les cas, si les effluves de la contagion de la fièvre aphteuse sont très subtiles, par contre, elles ne résistent pas aux émanations antiseptiques, et il est donc facile de combattre leur influence néfaste. Les émanations de coaltar, d'acide phénique et d'acide thymique en ont beaucoup plus facilement raison qu'on le croit généralement, et je vais le démontrer par un exemple.

Il y a quinze ou seize ans, un de mes voisins me priait d'aller chez lui parce qu'il avait une vache malade. Il en avait cinq et elle se trouvait exactement au milieu. Je la fis sortir et il ne fut pas difficile de constater qu'elle avait la *cocote*. Elle bavait, les yeux étaient larmoyants et elle avait quelques phlyctènes aux lèvres. La maladie était tout à fait à son début.

Je fis attacher la bête dans la cour et j'allai chez moi, chercher de l'eau thymolée et une éponge. Je n'étais pas fâché d'essayer, pour la première fois, dans un cas de contagion, ce médicament, alors nouveau, et qui coûtait trop cher pour être employé en médecine vétérinaire. Je fis bassiner largement les naseaux, les lèvres et la bouche des quatre bêtes restées à l'étable, puis, avec de l'eau thymolée, j'en fis faire autant à la malade.

On sortit alors toutes les vaches, on enleva le fumier et on arrosa le sol avec de l'eau phéniquée ; enfin, on nettoya bien la mangeoire et on passa l'éponge, imbibée d'eau thymolée, sur le fond et sur les parois internes. Par surcroît de précautions, j'ai fait badigeonner les sabots avec du goudron végétal.

On continua à bassiner le nez et les lèvres à l'eau thymolée pendant quelques jours.

La maladie fut si bien enrayée, qu'au bout de trois ou quatre jours, la bête attaquée était guérie et que les autres restèrent indemnes.

Je n'ai jamais eu la *cocote* chez moi, mais j'ai acquis la certitude, par d'autres cas où j'ai conseillé ce traitement, qu'il est souverain. Seulement il ne faut pas attendre que l'étable soit envahie et je considère même comme une sage précaution de répandre de l'eau phéniquée, dans les étables, quand la maladie est dans le pays, ou les environs. On peut aussi mélanger du coaltar, par moitié, avec de la graisse et en badigeonner les sabots des animaux. L'odeur qui s'en exhale peut suffire à contrecarrer l'influence des effluves de la contagion.

Tout le monde sait, aujourd'hui, comment on emploie l'acide phénique, mais il est bon toutefois de demander au pharmacien quel est son degré de rectification et de combien on peut l'étendre d'eau. Cette observation était nécessaire, car il y a l'acide phénique brut jusqu'à l'acide phénique cristallisable (1).

Quant à l'eau thymolée, voici comment on la prépare : on met deux grammes d'acide thymique dans un litre propre et sec, — s'il restait un peu d'eau, l'acide ne se dissoudrait pas, — on verse dessus deux décilitres d'alcool à quatre-vingt-dix degrés et on remplit avec de l'eau de pluie ou de l'eau bouillie reposée, décantée ou filtrée, comme je l'ai d'ailleurs expliqué à propos des injections à faire en cas de mauvaise délivrance.

Maintenant, je remplace l'eau thymolée, par de l'huile thymolée, dans une foule de cas, et notamment, dans celui qui nous occupe ; c'est-à-dire pour bassiner les naseaux et les lèvres des animaux, soit à titre curatif sur les malades, soit à titre préventif sur les autres.

Voici la manière de la préparer : on met deux grammes d'acide thymique dans une bouteille sèche et on verse dessus, non plus deux décilitres, mais bien *quelques gouttes*

---

(1) Lorsqu'il s'agit de vaches laitières, on doit le demander bien rectifié, afin d'éviter son odeur infecte que le lait s'assimile très facilement.

d'alcool, juste de quoi le faire dissoudre parfaitement. Lorsque l'on s'est assuré que la dissolution est complète, on remplit avec cinq cents grammes d'huile à manger.

Cette composition est tout simplement merveilleuse comme antiseptique et elle a l'avantage sur l'eau phéniquée et sur l'eau thymolée qu'elle sèche beaucoup moins vite et que son action est, par conséquent, de bien plus longue durée. On peut aussi, comme on vient de le voir, mettre le double d'acide, l'huile adoucissant l'effet.

Lorsque j'ai trouvé ce moyen si simple et si peu coûteux (1) d'utiliser l'acide thymique, et que j'en ai eu constaté les effets admirables sur les plaies et les parties enflammées, on me conseillait d'en garder le secret et de vendre le *spécifique*. J'ai préféré le divulguer chaque fois que j'en ai eu l'occasion.

Quand on a laissé envahir ses étables, les animaux ont des pustules, non seulement sur les lèvres et dans la bouche, mais encore sur les paturons, sur les boulets et jusque entre les onglons. Il en pousse même parfois sur le pis. Dans ce dernier cas, il faut se garder d'utiliser le lait.

Sur toutes les parties que je viens d'indi-

(1) L'acide thymique se vend quinze centimes quand on n'en achète que quelques grammes et dix centimes pour une certaine quantité.

quer, on peut se servir d'huile thymolée ;
c'est avec elle que l'on obtiendra les plus sûrs
et les plus prompts résultats et que l'on fera
disparaître vivement les pustules et les boutons.

Quant à la nourriture, il faut en donner peu
et qui soit facile à mastiquer et à digérer.
D'ailleurs, les animaux mangent peu ou point,
la bouche étant presque toujours envahie.
C'est pourquoi il est encore utile de bassiner
les lèvres et les naseaux, parce que la bête se
lèche et ramène l'huile thymolée dans la
bouche.

Quant à la boisson, elle doit être tiède et
l'eau additionnée de son, ou de farine d'orge.

En suivant bien mes prescriptions, on
pourra, parfois, avoir un ou deux cas chez soi,
mais on n'aura jamais sa vacherie envahie.

---

Je m'arrête, d'abord parce que l'état de ma
santé ne me permet pas de continuer et ensuite parce que j'ai réfléchi. J'avais l'intention
de passer en revue les maladies les plus fré-
quentes, comme je l'ai fait dans mon livre :
*Élevage et maladies du mouton*, mais je me
rends compte que les deux cas ne sont pas

les mêmes, ni la clientèle à laquelle les deux ouvrages sont destinés.

Au surplus, il serait téméraire — et parfois même dangereux — de donner aux cultivateurs le conseil de soigner leurs vaches sans le concours d'un vétérinaire, d'autant plus que, comme je l'ai dit, les vieux ont appris leur métier sur les animaux des cultivateurs et que, pour les jeunes, il y a maintenant une clinique bovine à Alfort.

Cependant, pour terminer, je crois devoir dire quelques mots sur les affections du pis, pour lesquelles on n'appelle généralement pas le vétérinaire, alors qu'une laitière peut être fortement dépréciée à la suite d'une maladie du pis, ou des mamelles.

Elles sont nombreuses, les affections qui peuvent amener la perte d'un ou de plusieurs trayons : engorgement du pis avant le vêlage, coups, piqûres, gerçures, crevasses et inflammations sans cause connue. Puis, les maladies éruptives auxquelles on ne prend pas assez garde et dont l'une, qui n'a l'air de rien, parce que les boutons sont indolents et ne suppurent pas, a un caractère réel de gravité, en ce sens qu'elle tarit un peu le lait, que ce lait est impropre à la fabrication des fromages, que les boutons s'enkystent d'abord, et se transforment en verrues ensuite, ce qui gêne beaucoup pour traire.

Aucune des affections que je viens d'énumérer ne résiste au pansement à l'huile thymolée, à quatre grammes d'acide thymique pour un litre d'huile, fait matin et soir, pendant trois ou quatre jours au plus.

Seulement, si le pis est entamé, c'est-à-dire s'il y a plaie, deux grammes, par litre, suffisent.

Toutefois, lorsqu'il y a dans le pis du lait caillé, il faut absolument le traire et recommencer s'il s'en forme à nouveau.

# TABLE DES MATIÈRES




6313. — Soissons. Imprimerie du *Soissonnais*, 4, rue Gambetta